suncolor

suncolor

不打針、少吃藥
輕鬆搞定☑高燒不退☑久咳不好等小兒惱人病

中醫爸爸
40個育兒神招

兒科中醫代言人
賴韋圳——著

suncolor
三采文化

作者序——

懂中醫的父母是孩子健康最好的守護者！

有天在高中同學的聚會中，某個同學問我。

「韋圳，我知道你後來去當中醫師了！你都看什麼病啊？」

「喔！我都有啊！你知道，中醫很多時候是沒辦法分科的，不過我比較常看小兒科！」

「小兒科？小朋友也可以看中醫喔！我以為中醫都是看些阿公阿嬤。」

「其實小朋友看中醫也很有效喔！比起西藥，大部分小朋友更能接受中藥味。」

大家都知道中醫可以看很多病，不過都侷限在慢性病、調身體之類的印象。事實上，中醫對小朋友健康的注重超乎我們想像。確保後代健康成長是世界上各民族根深蒂固的想法，中國自古就認為祭祀祖先、身後享用後代奉獻的血食、傳宗接代等是非常重要的事，所以兒科在中醫界也是一個非常受到重視的科別。

光是在唐代大醫學家孫思邈《備急千金要方》的「少小嬰孺二卷」裡就有三百多個方劑，裡面的藥物除了我們常見的水煎藥外，還有藥粉、藥膏、藥丸、藥粥和各式外用藥劑。更不用說歷朝歷代的兒科醫學專書，針對小朋友的生長發育、養育、保健、診治等，均有深入研究和臨床的實證。

最近有一位媽媽在診間跟我說：「醫師都是要等到自己的孩子出生，才會下凡來渡眾生。」年輕的我曾跟父親吵架，當時到底是為了什麼而吵，早已經不記得了，只記得我父親語帶哽咽地說：「你們三個孩子都是我的心頭肉……」

兩個孩子阿花和喀撐出生後，我一頭栽進育兒和中醫兒科的世界，才慢慢能體會我父親當時的心情。隨著看診的經驗豐富，我認為中醫實在是一種「家庭醫學」，中醫的診斷特性，在家庭的環境才能發揮到淋漓盡致。如果爸爸媽媽能多多觀察孩子生病的狀況，就能幫助醫師們可以更快速診斷出病情、對症下藥，迅速解除孩子的病痛。

所以我花了一些時間，整理一些中醫初學者應該具備的知識，濃縮了一些中醫兒科的重點，希望每個孩子都能在爸媽的照顧下，健健康康的長大成人。

目錄

Part 1

速退散！最棘手的六種小兒流行病

病症① 發燒

Part 2

心惶惶！最難纏的五種小兒急慢性病

Part 3

生長不卡關！父母最在意的孩子發育問題

Part 4
孩子哪裡有問題？令人霧煞煞的小兒病痛

Part 5

跟著中醫爸爸養小孩，孩子少生病、超好帶！

○特別收錄

Part 1

速退散！最棘手的六種小兒流行病

病症① 發燒

小孩發燒，給退燒藥是第一選擇嗎？

小孩發高燒，爸媽當然著急，有些會使用冰枕、退熱貼，想讓孩子舒服一些，比較緊張的家長，可能會馬上讓孩子吃退燒藥，但這不是最好的選擇！

這兩天我帶孩子去托嬰中心，聽到一個驚人的訊息。有位媽媽為了讓孩子可以待在托嬰中心，居然要求護理師每四小時就餵孩子吃一次退燒藥……我驚嚇得跟朋友提起這件事情，大家此起彼落的說：「喔！很常見啊！幼兒園裡有很多孩子都是這樣，明明在發燒，但是被家長送來。為了要能進學校，當然就是先吃退燒藥……」（為什麼要這樣相害啊！）

不可濫用退燒藥！

我一定要說一下，退燒藥不是這樣用的！千萬不要濫用退燒藥啊！

先不說退燒藥會有什麼副作用。一般來說，只要孩子發燒，托嬰中心或幼兒園都會要求父母將孩子接回去，這是為了避免孩子在一起「群聚感染」。相信各位都不希望自己的孩子待在有高傳染性疾病的環境裡。最重要的是，並不是沒發燒，就不會傳染；也不是沒有發燒，孩子就沒事。

發燒是身體抵抗疾病的防衛機制，一昧的退燒，就像害怕強盜破門而入，所以乾脆把門拆了。這樣的作法，好像不太合理吧？

一直反覆退燒，只是製造沒有發燒的假象，並不是病情沒有出現變化。萬一孩子病情加重，又沒有發燒這個機制來示警，導致沒人注意到，該怎麼辦？每種藥都有合理的使用範圍，爸媽們還是要遵守醫師的建議。

退燒藥到底要不要吃？

一位媽媽問我：「醫師，小孩發燒該不該吃退燒藥？我朋友的小孩，只要燒到三十八度以上，就會吃退燒藥……」

這個媽媽後面說了些什麼，其實我已經沒有注意聽了，因為我正忙著翻白眼（翻到後腦勺還轉了一圈回來）。

三十八度這個數字實在是太震撼了！

小孩發燒，相信多數的爸媽都會緊張。就算是我，遇到女兒發燒時，我也幾乎整晚無法好好入睡，一直幫她量體溫，直到燒退為止。有個親戚問：「只要餵她吃個退燒藥，你不就可以好好睡了嗎？幹麼那麼辛苦？」

聽到這句話，我忍不住想：「吃退燒藥是解決『造成』孩子發燒的原因，還是解決父母緊張的心情？這樣真的是對孩子好嗎？？」吃退燒藥，不應該是為了緩解爸媽緊張的心情，而是應該在孩子真的需要時才服用。

退燒藥是為了解決危急的症狀

要知道造成發燒的原因很多，如果孩子是因為便祕而發燒（不要笑，便祕真的會引起發燒），就算你用最高級的退燒藥，孩子因為仍在便祕，所以藥效過了還是會發燒。

如果孩子是因為腸胃炎、尿道炎、鼻竇炎而發燒，就算用最高級的退燒藥，只要腸胃炎、尿道炎、鼻竇炎的症狀仍然存在，藥效過了，也一樣會發燒。

再問一遍，退燒是為了緩解爸媽緊張的心情，還是為了孩子好？

你一定會問：「那為什麼會有退燒藥？」

我一向認為，西醫是為了解決最危急的狀況所發展出來的醫學，是醫療的最後一道防線，也可以說是「留人治病」的醫療。簡單的說，如果要用到西醫，醫師會叫你待在醫院裡，不會叫你回家觀察。

所以，如果發燒不會死人，不會留下後遺症，且不能確定原因，那建議先不要吃退燒藥。因為退燒藥不能治療引起發燒的疾病（起碼它不能治療便祕、腸胃炎和鼻竇炎吧），它只能緩解症狀以及爸媽緊張的情緒。

服用退燒藥前，請先試著這樣做！

我想，即便說了這麼多，還是會有爸媽一遇到孩子發燒，就想給他吃退燒藥。甚至是爺爺奶奶外公外婆，就是會忍不住口頭勸導，甚至身體力行要給孩子餵藥。

所以在餵退燒藥之前，請各位家長們一定要先做以下的事，如果孩子的燒還是不退，再考慮給他吃退燒藥！

①**觀察活動力**：如果活力、精神跟往常一樣，就不需要服用退燒藥。

②**檢查身體症狀**：若活力不佳，請先檢查孩子的身體有沒有疼痛或不舒服的地方。

③**只發燒但無明顯疼痛症狀**：孩子只發燒不流汗，又沒有明顯的疼痛症狀。這樣情況先讓孩子喝個蔥薑粥，再蓋個棉被悶汗。或是喝了熱粥接著去悶汗，或一邊喝一邊悶，汗出來，燒退了就沒問題了！（不用通通喝完喔！）

我個人不建議泡溫水澡，因為泡完再吹風受涼，搞不好又「中獎」受寒了。如果一定要泡熱水，請泡腳就好。一邊泡腳一邊悶汗，悶汗一定要連頭蓋，只留臉露出來呼吸。不用悶到大汗淋漓，只要稍稍有出汗，就趕快擦乾，換上乾爽的衣褲即可。

食療

蔥薑粥

材料

白米一米杯，水二米杯，薑適量，蔥白適量，豆豉（可用鹽代替）適量。

作法

將所有材料加在一起煮，煮至水水稀稀的狀態即可。

提醒

若沒有水水稀稀，可加水再煮。

病症① 發燒

免緊張！用對中藥，退燒效果不比西藥差

中醫裡雖沒有「退燒藥」這種東西，卻能夠幫忙解除病因，當去除了小孩發燒感冒的病因，燒自然會退，所以只要用對中藥，也能產生退燒的效果。

小孩發燒是件很令人煩惱的事！有朋友問：「發燒，可不可以吃中藥退燒？」這裡要讓大家失望了，中醫其實沒有「退燒藥」這種東西耶！可是好消息是，中醫可以解除病因！只要能把病因解除掉，孩子的燒自然就會退了。

發燒，是感冒的其中一個症狀

我們都知道，發燒只是感冒的其中一個症狀，但是即使生為中醫師，我自己的女兒發燒，我也跟其他爸媽一樣緊張。緊張到不敢讓她吃退燒藥，只敢給她吃些無關痛癢的中藥。（如果你知道所有藥的副作用，我相信你也不會輕易給小孩吃藥的！）

後來女兒燒到四十度，實在不能放著不管，愛女心切的我只能牙一咬，把她當作隔壁王伯伯的女兒，馬上開出藥方，然後叫她喝下去！女兒喝下後，我又開始煩惱了，抱著害怕、緊張的心情，一邊幫她做小兒按摩「清天河水」（推法請詳見P.220），一邊祈禱趕快退燒。不到十五分鐘（身為爸爸的我彷彿歷經三小時），小女開始發汗退燒了。第二天，女兒的活動力完全恢復，所有感冒症狀消失！我馬上擺脫昨晚「俗仔」的形象，跟同是中醫師的哥哥炫耀我開藥的功力。

錯誤用藥，無論中西藥對孩子都不好

如果你家小孩發燒感冒，建議可以尋找信任的中醫師，讓孩子服用中藥。中藥用得對，絕對不會比西藥慢。至於使用西藥退燒會不會有什麼壞處？因為我不是西醫師，也不是西藥師，所以這個問題要請大家去諮詢專業的西醫師或藥師。

但臨床上，的確觀察到孩子如果吃太多不必要的西藥，會有黑眼圈或食慾不振的問題。來調脾胃（開脾）的孩子，大多也是幼年期時常服用感冒藥。但是大家不要以為，吃中藥一定比吃西藥或是退燒藥好！不得不強調，錯誤的使用中藥，一樣會有相同的危害！所以，再跟爸爸媽媽叮嚀一次，要找專業的醫師開立處方籤，千萬不要貪圖一時的方便，隨便服用成方或成藥。

吃藥後再用中藥調理？

老實說，我也曾給女兒服用過一次西藥退燒。大量出汗的結果，燒退了，可是第二天，女兒出現了黑眼圈，而且其他感冒症狀依舊存在，活力也大不如前，過了幾天，感冒症狀才完全去除。後來用中藥幫她調了一到二週，才恢復往常的活力。

從此，再也不敢給孩子隨便用退燒藥。中藥可以幫忙調體質沒錯，但如果一開始不要濫用藥，那也不需要西藥接中藥的一直吃藥，不是很好嗎？再次強調，退燒藥只會緩解發燒這個症狀（當然，還有爸媽當下緊張的情緒），並不會縮短或解除病程。

病症① 發燒

孩子莫名其妙發燒，卻沒感冒症狀？

你的小孩曾莫名其妙發燒，卻沒出現任何感冒徵兆，且沒多久又突然自已不燒了嗎？這就是中醫所說的「小兒變蒸」，是小孩身體快速生長時會出現的現象。

「醫師醫師，我家小孩最近一直發燒、流汗，帶去西醫看，吃了西藥，燒退了，但藥效一過又燒起來了。今年已經好幾次這樣了，該怎麼辦？」

看著眼前這個剛滿一歲的小孩及滿臉焦急的媽媽，問說：「是不是都低燒？約三十八度多，最多到三十九度出頭呢？」

媽媽眼睛一亮，回說：「對耶！都是低燒。」

我問：「發燒時，活動力、食慾都跟平常一樣，一點都沒下降？」

媽媽彷彿遇到神算，回說：「對啊，就只是發燒而已。」

我又問：「是不是只要吃了西藥，燒就退了？可是活動力和食慾就會下降？」

媽媽更驚訝了：「對啊，醫師你怎麼都知道？」

我心中嘆了口氣，說：「我開個藥給你，下次再這樣，先帶來給我看一下，別急著退燒啊！」

接下來，媽媽開心地拿著藥，小孩開心地拿著仙楂餅，回家去了。

反覆發燒的症狀是生長熱的一種

小孩一直發燒、流汗，吃了藥、燒退，但藥效過了又開始發燒，這有時就是中醫所說的「小兒變蒸」。「變蒸」是小孩身體快速生長時會出現的現象，可視為「生長熱」的一種。

爸媽們可能曾遇過，小孩生病後幾天突然手掌、腳掌變大好多？或是那一週過後突然變得很會說話？

要知道小孩生長有一定的規律和過程，我們拿到嬰兒手冊，會看到完美的弧線型生長曲線。但實際上，孩子的成長曲線更多是呈現類似階梯狀的跳躍。

有些小孩在這種突發性的快速增長期，會出現低熱和出汗等症狀，而且沒有其他病態，中醫叫做「變蒸」。只是這種現象，並不是每位小孩都會出現，而且也不是每位家長都能夠意識到這是在「變蒸」，所以對這種情況的掌握比較少，常常誤以為孩子是在生病。

這種情況在一歲以前最明顯，有的一歲以後也會出現。最常見的是長乳牙發燒，或是輕微的玫瑰疹。甚至有些中醫師認為小孩一直到六、七歲，都會有這樣的現象。

如果要對「變蒸」下定義或說明，大概就是小孩生長發育旺盛，骨骼、血脈、五臟六腑和神智都在不斷地增長、變異，逐漸地向健全的方向發展。在這個時期，因為快速成長，所以會出現發燒、出汗等症狀。也就是中醫古籍上說的，「變其情智，發其聰明；蒸其血脈，長其百骸。」

小兒變蒸時的處理法

小孩變蒸時會出現發燒的情況，如果以我淺薄的西醫知識強加解釋，就是孩子正在加速生長，新陳代謝加速，導致發燒。

我認為，此時輕症的不該用藥，嚴重的也不該用藥過重，只能輕輕疏導。無汗的輕輕發汗；發疹的輕輕發表（建議爸爸媽媽最好帶給專業的中醫師診斷治療，不要自行服藥）；不要用強力的手段抑制小兒的變蒸過程。如果強制退燒，常導致小孩食慾和活動力下降，是下下策。就像剛劇烈運動完，你會跑去沖冷水降溫嗎？應該不會吧！

如果已經吃了西藥，爸媽們也別擔心，下次別吃就是了，或用些中藥調理一下也是可以。但要注意，如果有其他症狀，例如：嘔吐、不正常高熱、活力下降、流鼻水等病症，千萬不要認為是變蒸而延誤治療喔！

病症① 發燒

高燒不退，當心是「川崎氏症」

小孩發燒是常見現象，但如果出現連續五天高燒、發疹、草莓舌、眼睛紅、淋巴有硬塊等，一定要格外小心，因為孩子可能是得了「川崎氏症」！

前一陣子，有位媽媽帶了一個小孩來看診。

「醫師，我家弟弟二到三週前生了病，從那之後食慾一直不好，能幫我們調養一下嗎？」

「好啊！」照例，我還是問了一下孩子之前的病況。

媽媽說：「那時反覆發燒持續了一到二週。」

這位媽媽真的很有心，她把小孩的舌頭、身體症狀，全都拍照存在手機裡。

我看了，心一驚，草莓舌？莫非是「川崎氏症？」

接著故作鎮定地問：「孩子現在還有淋巴結腫大嗎？」

媽媽說：「生病的時候有，現在沒有了。」

我幫小孩望診、把脈，也沒有明顯的心臟問題，默默鬆了一口氣，說道：

「嗯，我幫弟弟調個身體就好，不要擔心！」

不能掉以輕心的「川崎氏症」

川崎氏症，是讓很多家長聞之色變的病名，有人懷疑是病毒感染，但至今發病原因仍不明確。

川崎氏症在中醫裡屬於「溫病邪熱」的範疇，發病時身體會因不明原因而高熱不退。皮膚會發斑疹或紅斑，口腔和眼睛黏膜會充血，也會有口乾、舌頭成草莓舌等現象。此外，還會出現頸部淋巴結腫大，甚至手指、腳趾脫皮的狀況。

這類疾病在發病時，需要趕快滋陰清熱，如果遇到堅持中醫療法的病患，當下我除了對症投藥重用外，還會要求爸媽每天帶孩子來診所觀察症狀的變化，並視病症換藥。

也會要求爸爸媽媽除了回家觀察外，還要在發燒時，幫小朋友清天河水，再加推坎宮、開天門，揉太陽、清肺平肝等手法，幫助紓解孩子的症狀（請詳見P.218～221）。

可能留下後遺症，須追蹤觀察

為什麼我會這麼緊張？因為這種好發於小孩的溫病，不但傳變快速，且一旦傳熱入臟腑，可能會有致死的情況。西醫觀察川崎氏症會有誘發心肌炎、動脈破裂、心肌壞死等症狀，且極易留下心血管方面的後遺症。所以，就算症狀結束後，建議還是要追蹤觀察數月到一年的時間，不可不慎。

病症② 腸病毒

中醫對付腸病毒，縮短病程、效果好！

當爸媽的最怕聽到「腸病毒」三個字，只要一中獎，通常是小孩難受，爸媽提心吊膽，整個病程讓全家人仰馬翻！

腸病毒的感染途徑

很多人聽到「腸病毒」，以為這種病症跟腸胃炎類似，以拉肚子為主，但這是很大的誤解。腸病毒為什麼叫「腸病毒」？因為它是經由腸道黏膜感染的病毒。腸病毒會從糞口傳染，簡單的說就是病毒從出現在大便，到被孩子吃到嘴巴裡，然後經由腸子吸收，於是就得病了！當然，腸病毒也會從呼吸道傳染，像是打噴嚏及口水等。

聽到糞口傳染，大家一定覺得很噁心，這種事情怎麼可能發生？大便或病毒怎麼會跑到嘴巴裡？事實上是很有可能的！如果你家裡有一、二歲的小孩，你一定看過他們動不動就把地上的東西撿起來塞進嘴巴，或者吃自己跟別人的手。

吃手，是人的天性本能，就像一個正常的成年人，每天摸臉、摸嘴巴的次數也是多到數不清，只是自己沒察覺而已。

中醫如何治療腸病毒

西醫對腸病毒大多都是採支持性療法，那中醫有沒有有效的治療方法呢？古代的中醫並沒有「腸病毒」這個病名，但在很多疾病裡，都出現過類似腸病毒的症狀，例如：口瘡、疫毒厲、小兒濕溫等。也就是說，從小孩剛發病還沒有辦法確診，到已經被主流醫學醫師確診為腸病毒之間的所有症狀，中醫都有完整的療法！

我兒子得腸病毒時（對！中醫師的孩子也會得腸病毒呢），一開始我們也是遵照西醫方式做處理，先做觀察。但小孩實在太不舒服，我一直忍到半夜，終於受不了，於是幫他灌了中藥，再噴些中藥在口瘡上。灌下去後，他馬上不哭，且不到五分鐘就乖乖入睡。

一般來說，中醫在處理腸病毒時，最常用的就是金元時期李東垣的名方——普濟消毒飲，它可以快速改善喉嚨不適的問題，而當小孩有腸胃道問題時，則會用到葛芩連湯。通常腸病毒的病程約七、八天，如果用對中藥的話，可以縮短至三到五天，甚至更短的時間。

不過，大家會問：「中醫治療腸病毒會不會很麻煩？」沒錯！真的很麻煩。我在治療像腸病毒這種症狀變化快速的溫病時，會針對病情的變化，不斷地換藥。所以，爸媽們仍須費心，除了仔細觀察孩子的症狀外，務必遵照醫囑，必要時要天天帶孩子去診所報到。

腸病毒的食療調養

如果沒有看中醫，又想用中藥來緩解腸病毒症狀，可以準備「紫草三豆飲」，有助於喉嚨瘡口快速癒合。若小孩不愛喝，可以加點蜂蜜或糖，會比較好入口。如果小孩已經二歲以上，比較能接受喝中藥，也可以準備「銀花茶」來消炎，也能讓傷口收得更快。

如果以上中藥茶飲小孩真的都不想喝（畢竟每個小孩對中藥材的接受度不同），那建議媽媽們可以煮個絲瓜蛤蜊湯來幫孩子清熱解毒，你可以按照自己平時的煮法，只要薑不要加太多就好，或者吃個冰糖燉雪梨，也是不錯的方法。

當然如果能詢問信任的中醫師，就更完美了。

藥方一

紫草三豆飲

藥材

赤小豆（紅豆）、黑豆、綠豆各一百克，紫草根十五至二十克、甘草十五至二十克。

作法

將以上材料加水煮，煮到像稀稀的綠豆湯一樣，然後把湯汁當水喝。

功效

有助於喉嚨瘡口快速癒合。

藥方二

銀花茶

藥材

金銀花十五克，板藍根十五克，連翹十克，甘草五克，薄荷五克。

作法

①藥材（除了薄荷之外）全放入鍋中，加入一公升的水。
②煮滾後，用小火熬煮二十分鐘。
③再放入薄荷，放涼後即可飲用。

功效

讓上顎後方的小水泡或潰瘍傷口收得更快。

食療

冰糖燉雪梨

藥材

雪梨一顆，百合五克，冰糖五至十克。

作法

①梨子洗淨、剖半，去皮後，將裡面的籽挖掉，放入碗中。
②加入百合及冰糖。
③放進電鍋裡燉到軟即可。

功效

有助養陰生津，清熱解毒。

腸病毒的居家護理

此外，小孩感染腸病毒時，除了觀察及照顧之外，還有一件事要特別留意，就是須保持環境清潔。腸病毒的帶原期長達一到三個月，也就是在這三個月之中，都可能會傳染給別人。如果家中有另一個小孩，更要注意清潔工作，且酒精無法殺死病毒，這時必須使用稀釋的漂白水來消毒。

居家消毒靠它！

稀釋的漂白水

材料：漂白水5湯匙（買便當所附贈的那種塑膠湯匙），自來水10公升。

作法：把上述材料混合均勻，就可以拿來消毒了。

病症② 腸病毒

腸病毒警報！直接送急診的四個判斷原則

腸病毒重症的機率不高，但如果孩子完全不吵不鬧，睡得比平時還沉，反而是重症的警訊，爸媽要特別小心！

雖然我跟太太都是中醫師，不過我女兒第一次腸病毒時，我們兩人還是跟大部分的爸媽一樣，被嚇得不輕。

在這裡岔開話題跟大家說，很多媽媽為了讓小孩「不生病」而每天忙裡忙外，到處學習各種如何增強抵抗力、減低傳染原的方法。可是即使做了一大堆事，小孩還是有可能生病、中腸病毒。說真的，小孩生病是正常的，「完全不生病」反而才少見！大家還是盡力而為就好，不要有太大的壓力。如果孩子真的生病了，與其懊惱孩子「為什麼會中腸病毒」，還不如提高警覺心，仔細觀察孩子的病程與狀況。

腸病毒不是小孩的專利

一般腸病毒會造成什麼症狀呢？我覺得有個名稱取得很好，一聽就明白，就是「手足口病」。什麼？手足口病還是不夠清楚？好吧！那我再解釋清楚一點。

腸病毒就像是人類的「口蹄疫」，豬得到口蹄疫時，是不是鼻子跟嘴巴會長爛瘡？豬蹄會掉下來？肚子上也會冒一些奇奇怪怪的疹子？人類得到腸病毒時，嘴巴黏膜及喉嚨會長出一大堆的泡疹，即「泡疹性咽峽炎」。除了嘴巴之外，手、腳及屁股上也都會長水泡。

可能有人會說：「長水泡而已，有什麼好恐怖的？」你可以跟他說：「腸病毒有可能跟小兒麻痺一樣會侵犯人的神經系統，造成腦膜炎、心肌炎及神經中樞等問題，甚至休克、死亡」，這樣保證可以嚇到對方。

而且你還可以再跟他說：「腸病毒不是小孩的專利，大人也會被傳染，只是大部分的成人不會出現症狀，但如果你抱小孩之前沒有先認真洗手，就有可能會把腸病毒傳給小孩。」想必以後他們抱孩子前都會先想一想自己究竟有沒有好好洗手。

腸病毒是一個大家族，其中至少有六、七十種病毒。除了造成小兒麻痺症的脊髓灰質炎病毒外，最有名是讓人聞之色變的七十一型，因為一九九八年可能感染過台灣一百四十萬兒童（造成手足口症和皰疹性咽峽炎），且有重症案例。但別驚慌，重症的機率不高，一千人裡大概是一到二人，爸媽們先別急著自己嚇自己。

腸病毒什麼時候該送急診？

腸病毒的病情聽起來可重可輕，那如何判斷小孩到底是不是重症？話說我兒子腸病毒時，因為發高燒，喉嚨非常不舒服，哭鬧個不停，我們夫妻跟大家一樣好幾天無法睡覺。不過，這樣的狀況雖然累到爸媽，但反而不用太擔心；可是如果小孩完全不吵不鬧，睡得比平時還沉，這我肯定會很緊張。小孩只要出現嗜睡情況，請不要拖延，趕快送急診（對！就是大醫院、西醫的急診室，你沒有看錯！）。

腸病毒重症的小孩，睡覺時手腳可能會不正常抽動，所以如果小孩有類情況，表示病毒已經侵犯到神經系統，這時也請直接送急診。再來，如果孩子持續性嘔吐，吐到已經有脫水現象，也要趕快送醫。如果小孩沒有上述症狀，但出現心跳超過每分鐘一百四十下，呼吸次數每分鐘超過三十次——這種情況無須多說，同樣直接送急診吧！

有些人或許會質疑，中醫師鼓勵大家把腸病毒重症小孩送急診，是不是承認「中醫沒辦法對治腸病毒重症」？這個問題姑且留給學術界去討論，能或不能都不是重點，重點是該怎麼即刻救援那個腸病毒重症的孩子。中醫也都知道一句話：「留人治病」！送急診室留人（命），以後我們還可以慢慢把孩子的身體調回來。留得青山在，不怕沒柴燒啊！醫學最好還是採實用主義為最高指導原則，在重症之前，一定要警覺、迅速、別拖延！

直接送急診的腸病毒症狀

- 完全不吵不鬧，睡得比平時還沉。
- 睡覺時手腳可能會不正常抽動。
- 持續性嘔吐，吐到已經有脫水現象。
- 心跳超過每分鐘一百四十下，呼吸次數每分鐘超過三十次。

病症③ 咳嗽、流鼻涕

咳嗽好不了？用錯偏方可能咳更久

小孩感冒時，常所有症狀都好了，但咳嗽一直好不了，父母心疼又著急，到處尋求偏方，可是「病急亂投醫」的結果，就是咳嗽更難好。

「醫師，我們家小孩咳嗽咳好久，一直都好不了，晚上咳得更是厲害。」診間一對父母帶著小孩進來，十分擔心地問。

「一開始就咳嗎？之前有看醫師嗎？」我問。

「對啊，沒有其他症狀，直接就開始咳了。因為人家說西藥不好，所以我沒有給他吃，不過他咳得實在很厲害，所以我有給他吃冰糖貝母燉雪梨。」

聽完孩子媽媽說的情形，我內心出現許多點點點，再次詢問：「所以真的咳很久了？」

「對啊，咳三天了！」媽媽回。

我在心裡翻了白眼（媽媽們，請原諒我翻白眼，會這樣是有原因的）。接著再問：「那痰是什麼顏色呢？」

「小孩咳不出來，只是感覺痰很多，躺下咳得更嚴重。」

「吃了冰糖貝母燉雪梨之後痰更多嗎？」我問。

「對啊，醫師你怎麼知道？我已經不給他吃冰冷的食物了，怎麼還是越咳越厲害咧？」我認真的看著媽媽，跟她說：「吃我的藥就好，別～再～給～他～吃～水～梨～了！」

沒有正確的辨證，你給他吃的就是偏方

偏方，不是指特定的中藥或食療，只要是「沒有經過仔細思索或在中醫師指導

之下就自行服用的藥物或特定食物，就叫偏方」。所以，當大家在網路或親友間得到藥方或食療法，請先仔細想過或請教你信任的中醫師。不然，很可能變成「愛之深，害之切」啊！

小孩體型小，臟腑嬌嫩，形氣未充，容易外感風寒或風熱。得到疾病後，變化也較成人來得迅速，但是病因多半單純，而且沒有七情六慾的傷害，癒後大多也比較良好。只要爸媽的心臟強壯一點，不過度緊張、別亂給偏方，一般不經治療的感冒都是一週左右會痊癒。感冒後黏膜受損導致的咳嗽，也多會在十多天後痊癒。除非是體質虛弱，或是生病時飲食沒有節制所導致的咳嗽，才會拖比較久。

冰糖燉雪梨要看情況吃

冰糖貝母燉雪梨不是不能吃，而是要看情況吃。這個方適合的情況：第一是體質較瘦弱的人，第二要咳嗽時間已經很長，第三則是乾咳沒痰。三個狀況都符合才適合吃，缺一不可。切記不可以在痰多的時候使用。

如果小孩像下面案例一樣，西藥已經吃了段時間，但咳嗽就是沒好或感冒一直反覆發作，應該是體質的問題，建議接受中醫藥的調養，肯定會有明顯改善。

※　　※　　※

「醫師，你好。弟弟來，自己跟醫師說。」這次是一個爸爸帶著小孩來看診。

小孩邊咳嗽邊說：「我咳嗽……咳咳……」

「好可憐喔，有吃藥嗎？」我問。

「有！咳咳……」

聽到乾咳聲，此時爸爸說：「醫師，我家弟弟有吃過西藥，因為一直都沒好，所以鄰居就介紹來給中醫看一下。」

「那咳很久了嗎？」我問。

「也還好，都他媽媽在照顧的，我問一下……」爸爸開始打電話給媽媽（果然是爸爸啊）。

「他媽媽說，已經咳三週了。剛開始是感冒，後來就咳嗽，西藥吃一吃，就剩下咳嗽一直治不好。我就說要吃中藥看看，但他阿公說中藥比較慢。結果我們吃了三週的西藥，到現在還在咳嗽。」

「交給我吧！我們看看能不能三天就改善弟弟咳嗽的狀況。」

「三天？！中醫果然比較慢……」爸爸說。（這位爸爸！你剛剛不是才說孩子咳了三週！為何給中醫才三天時間就說慢啊！）

感冒初期這樣做

是這樣的，一般說來，如果一開始有感冒症狀的時候就趕緊來找醫生，說不定也用不到三天的時間。只是大家的焦點跟中醫師的焦點可能會不同，一般感冒剛開始的症狀是喉嚨癢、鼻塞、流清清稀稀的鼻涕、畏寒、發熱頭痛，直到有咳嗽了，大家才比較警覺到「感冒」這事，所以每每最想要治療的，都是咳嗽。但對中醫師而言，這時應該先治療的是風寒，而不是咳嗽！

剛說的那些感冒初期症狀，通常只有媽媽能夠觀察、警覺得到。如果一發現孩子有這種症狀，但又一時找不到信任的醫師，可以先用精油（德國百靈油之類的）舒緩病症，或煎些紫蘇茶、薑母茶，讓孩子趁熱頻飲（是一點點一直喝，不是一大杯一口氣喝掉喔）。

如果痰已經變成黃色，而且變得黏稠，身體開始發燒或發熱，就試試看魚腥草茶（當然，到了這地步，如果孩子又很不舒服，還是趕緊看醫師，別在家猛煎魚腥草茶）。

藥方一

紫蘇茶

藥材

紫蘇十五克，陳皮十五克，白蘿蔔（切片）二十克。

作法

①藥材加二碗水，以大火煮沸後轉小火，煎成一碗。

②加一小匙紅糖或黑糖即可。

功效

舒緩初期感冒症狀。

藥方二

薑母茶

藥材

生薑十五至二十五克，藍莓十五至二十五克（可用黑糖或紅糖一小匙代替），蔥白一小把，淡豆豉一小撮。

作法

藥材加二碗水，用大火煮沸轉小火，煎成一．五碗。

功效

舒緩初期感冒症狀。

藥方三

魚腥草茶

藥材

魚腥草二十五克，苦杏仁十克，桔梗五克。

作法

藥材加三碗水，以大火煮至水滾後轉小火，煎成二碗。

功效

身體發燒或發熱時飲用。

提醒

記得趁熱先慢慢飲用一碗。

病症③ 咳嗽、流鼻涕

中西醫合療，孩子鼻涕好得快！

醫療無須分中醫、西醫，我雖然是中醫師，但從不反對西醫，很多時候中西醫合療，對於治癒孩子常見的病症，效果反而好！

只要是適合，就是好的治療

雖然身為中醫師，但我一直不反對西醫，視情況也會帶小孩去給西醫師看。孩子難免有感冒、發燒、鼻塞的時候，我一樣會帶他們去耳鼻喉科吸吸鼻涕什麼的。

「什麼！醫師，你不是中醫嗎？你的孩子生病，你還帶去給西醫看？」

「咦？不行嗎？去吸吸鼻子、吸吸痰很好啊！」

我必須在這裡跟大家坦承，我家隔壁那個耳鼻喉科醫師可好了，他只要幫我兒子吸吸鼻子，把膿排出來，兒子就好很快！當然，我是中醫師，我也可以給小孩用排膿的中藥，但是小孩得多吃一兩天的藥，病程也得再多走個一兩天，所以帶去給耳鼻喉科醫師吸一吸鼻涕不是很好嗎？再說，每次兒子去看病，女兒也可以拿到貼紙，所以女兒超級愛帶弟弟去耳鼻喉科看病的。

在我的眼中，醫療無須分中醫、西醫，沒有好或不好，對或不對。所有的東西都是有用的，只是適不適合而已。下次如果我請爸媽們帶孩子去西醫診所做檢查，或是去吸吸鼻子時，拜託不要翻白眼給我看。身為實用主義者的我，只要能縮短孩子們的病程，減少痛苦，我都會請患者們去做！

清鼻子可有效改善鼻涕倒流

此外，很多小孩可能有鼻涕倒流的問題，因為鼻腔分泌物增加，所以往下流動。鼻涕倒流可能是因為感冒，有時則像過敏一樣感覺喉嚨卡卡，甚至會咳嗽。不過，到底是過敏造成鼻涕倒流，還是鼻涕倒流引發過敏，就像是蛋生雞或是雞生蛋的問題一樣，很難真正釐清。此外，胃食道逆流或其他原因，也可能造成類似鼻涕倒流的症狀。

在治療呼吸道問題上，中醫可以採用「鼻療」的方式，就是用中藥來噴鼻子或洗鼻子。不過就跟所有的疾病一樣，使用哪些中藥都須視證型而定，如果不看中醫的話，一般人無法得知自己適用哪些藥物。

清洗鼻子對改善鼻涕倒流的效果非常好，如果無法確定使用什麼中藥，不如用洗鼻器搭配食鹽水或直接用洗鼻鹽加開水洗鼻，大約洗一個月之後，效果都會蠻明顯的。洗鼻鹽的包裝上都會說明對水的比例與詳細說明，大家可得看清楚。

不過，很多小孩一看到洗鼻器可能就會心生恐懼，爸媽不妨至藥房購買小孩專用的洗鼻器，只要輕輕一捏，食鹽水就會沖進鼻子裡，這種方式比較溫和，孩子應該比較能夠接受。

病症④ 腸胃問題

小孩腸胃炎拉不停，該怎麼對付？

小孩腸胃炎，跟發燒一樣，都會讓爸媽憂心忡忡。其實只要處理方法正確，這樣的疾病也可以快快好轉。

某次，我去托嬰中心接兒子，老師帶他出來，然後說：「他今天有拉肚子喔！還拉了六次，整個屁股都紅了！」

「食慾還好嗎？」我緊張地問。

老師說：「食慾還是很好！看到東西就想吃……」

「那老師有給他吃嗎？」我更緊張了。

「沒有，有讓他少吃一點。」

即便如此，我還是很緊張。因為當天早上，兒子就大便兩次，且排便的氣味跟往常不同，非常非常的臭！本來還有僥倖心理，聽到老師說的話，只能好好面對大便……不，是面對問題了。

回到家，兒子又拉了一次，打開尿布一看，是「黏液便」，應該是細菌性的腸炎，屁屁也變得紅紅的。我趕緊使用中醫外科常見的中藥膏，厚厚抹了上去，再撒上中藥爽身粉。之後趕緊兒子一背、用推車推著女兒，往自家的診所備藥。

那晚費了一番功夫，終於搞定兩個孩子，讓他們進入夢鄉。然後轉頭跟太太說：「妳要有心理準備，我們今晚大概不用睡了。」

因為細菌性腸炎只要開始拉黏液便，就表示黏膜部分多半已經受傷，腸胃蠕動速度會較往常快，這三到五天，排便次數會較多、較稀。這時除了要控制飲食，還要勤換尿布，否則紅屁股就有可能捲土重來。

如何辨斷是否為細菌性腸炎？

口腔期的小孩動不動就會塞東西到嘴裡，或吃到不潔的食物，造成感染，發生細菌或病毒性的腹瀉。這類型的拉肚子，常伴有發熱、噁心、嘔吐、食慾不振、腹脹、腹瀉次數多、大便常帶粘液和膿血等不適症狀。

請注意，這時小孩的大便常帶粘液，嚴重的有膿血，且會有跟平常不同的臭味。再摸摸他們的小肚子會有發熱感，加上口臭、唇紅。如果這些症狀都有，多半是細菌性腸炎，請帶去看醫師。

別急著幫孩子止瀉

一般來說，孩子腹瀉時，如果沒有發燒、肚子也沒發熱，或是有熱但不嚴重、沒有嘔吐、能吃能喝、精神狀況尚佳者，是屬於輕症。但如果伴隨著發燒、肚子發熱、嘔吐、口渴尿少或精神狀況不佳，甚至有脫水的症候時，就屬於重症了。

那孩子開始拉肚子時，可以趕緊止瀉嗎？我想，一個正常、有道德的醫師，都不會直接止瀉。拉肚子是人體正常排除毒物的反應，除非特殊情況，否則再怎樣都不應該在腹瀉剛開始的時候，直接止瀉。我想，應該沒人希望把細菌和有害物質留在肚子裡吧？

中醫治療拉肚子的方法，會著重在幾個方式，例如給藥增加小腸的吸水量，因為尿多，大便就不稀。此外，也有抑制有害細菌繁殖、增加抵抗力和新陳代謝等方式。這些用藥法，每一種都有它的應用時機和獨到之處，必須由醫師診斷後決定。

勿隨便使用抗生素

或許有人會問：「既然確定是細菌引起的拉肚子，為什麼不快點使用抗生素？」

第一，病毒型的腹瀉和細菌型的腹瀉，有時難以區分。

第二，抗生素會無差別性地殺掉腸胃道裡大部分的細菌，如此一來會造成腸道菌群紊亂，有益的腸道菌也大量死亡，使病菌「有機可乘」，能夠大量繁殖。這樣拉肚子會更嚴重。

第三、大部分抗生素會損傷小腸絨毛，造成嬰幼兒對乳糖的分解代謝力下降，引起滲透性腹瀉、吸收及消化不良。

這三點都可能讓急性腹瀉患者在治療後，反而變成慢性腹瀉。當然，中藥用得不好，一樣可能誤治，一樣能造成上面慢性腹瀉的結果。所以，無論中西藥都不能亂吃！

病症④ 腸胃問題

小孩腹瀉、上吐下瀉的處理及飲食調理

孩子腹瀉或上吐下瀉，身體當然很不舒服，這時可以提供一些簡單能舒緩症狀的解方，或是粥品、養生湯劑等。

孩子上吐下瀉時的處理法

有時候腸胃炎不只拉肚子，也可能上吐下瀉，那又吐又拉時，是否要先止吐止瀉呢？答案是「可以考慮，但跟之前腹瀉說的一樣，最好不要馬上止吐止瀉。」可是又吐又拉，可能會造成電解質失衡而死亡，不趕快止瀉止吐，真的沒問題嗎？

舉幾個逗趣的例子，爸媽可能會比較清楚：如果家裡的小狗不小心吞下了「毒鼠強」，你一定會馬上逼牠吐出來吧？家中的小貓咪不小心吞了「克潮寧」，你也會逼牠趕快吐出來吧？如果孩子不小心揀起了骯髒地板上的零食放進嘴裡，你也會馬上逼他吐出來，對不對？

是的，人體對毒物和不適應的食物，最直接的反應就是噁心、嘔吐和腹瀉。這些最直接的反應，是人體最基礎的防禦機制之一。這是為了避免有毒物質停留在體內時間過久，損傷身體機能。

當小孩嘔吐和腹瀉時，要先評估是否脫水，先觀察尿量次數有沒有減少，如果是小嬰兒的話，要注意尿布濕不濕、哭的時候眼淚多不多、皮膚彈性好不好、皮膚有沒有光澤、嘴巴裡黏膜是否濕潤、眼眶有沒有凹陷等臨床表現。

如果上述的情況都沒有，請不要擔心，給予含微量電解質的水分或薑茶飲（作法請詳見P.57～58），讓他少量且頻頻飲用。最重要的是「頻頻、少量的飲用」，一次喝一小口，十到十五分鐘飲用一次。另外，如果孩子尚有胃口，在不加重孩子身體負擔的情況下，飲食上也是以清淡為主，最好是喝白粥或小米粥。

評估孩子是否脫水的問答評量

小嬰兒

- □ 尿布濕不濕（大一點的小孩可以觀察尿量及小便次數有無減少。）
- □ 哭的時候眼淚多不多
- □ 皮膚彈性如何
- □ 皮膚有無光澤
- □ 嘴裡黏膜是否濕潤
- □ 眼眶有無凹陷

食療一

含微量電解質的水分

●材料

運動飲料一份，溫開水三份。

●作法

把運動飲料以及開水混合，即可飲用。

●飲用方式

一次喝一小口，十到十五分鐘飲用一次。

食療二

薑茶飲

材料

生薑六克，綠茶九克，陳皮九克。

作法

材料加入滾水六百ＣＣ，沖泡十五分鐘即可。

飲用方式

一次喝一小口，十到十五分鐘飲用一次。

食療三

小米粥

材料

小米（或糙米）二分之一碗，水五碗。

作法

①米沖洗後，放入鍋中，加入水。

②煮到剩三碗水的量。

提醒

少量頻頻服用，三天內逐步增加米量。三天後可以加些碎肉一起煮，配些青菜，循序漸進，一週後再恢復正常飲食。

◎中醫生活百科

腸胃型感冒、感染型腸胃炎，傻傻分不清？

孩子拉肚子時，常會聽到醫師說小孩得了「腸胃型感冒」，有時則是「感染型腸胃炎」，這兩種病症究竟有什麼不一樣呢？

如果從一般的角度，感染型腸胃炎大多是細菌型感染，例如吃了不新鮮食物，導致腸胃道想把髒東西排出來。腸胃型感冒，指的是因病毒感染而引發的腸胃炎，感染的方式跟感冒一樣是病毒，因此可以被稱為腸胃型感冒。這兩種都是腸胃炎，都會拉肚子，究竟要怎麼分辨呢？大部分的爸媽，包括我，可能都很難分得清楚。

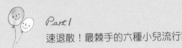

不過我的專長畢竟是中醫，所以就從中醫的觀點來解釋吧！

腸胃型感冒除了拉肚子之外，還可能出現發燒、疲倦、肌肉痠痛等「表證」（發生在身體表面的症狀）、同時有腹瀉、腹痛的「裡證」（發生在身體裡面的症狀）。通常我會先解決體表的表證，再來處理肚子的裡證問題。

二千年前的《傷寒論》有提到：「先解其表，後治其裡，解表桂枝湯，治裡四逆湯。」這就是很典型的肚子受涼，導致發寒、腹瀉的症狀。

臨床上，我所看到的感染型腸胃炎大便都比較臭、比較黏、肚子會發熱，而腸胃型感冒肚子摸起來不會那麼熱。不過，不管是哪種拉肚子，我都會建議爸媽先讓小孩拉，把身體裡的毒物排除，只要適度補水，不要讓孩子真的拉到脫水就好。

不過說歸說，實際臨床上……還真的沒有幾個人做得到。我還曾遇過媽媽來看診時說要讓孩子先拉，但晚上就被爸爸帶去急診打止瀉針。要知道西醫對付腸胃炎的SOP也是先檢驗和觀察，如果先幫病患打一針，除了止瀉外，更有可能只是幫忙補充水分和電解質而已。

病症⑤ 麻疹

麻疹好可怕！到底要不要打疫苗？

前些日子日本麻疹疫情一路延燒，甚至台灣也出現小型群聚感染，造成國人搶打麻疹疫苗的情況。要不要帶孩子打麻疹疫苗是許多爸媽心中的問號。

兒科四大科之一

前一陣子麻疹在台灣實在火紅，加上媒體一直報導，好像麻疹是一個很恐怖的疾病，嚇得大家瞬間把疫苗打光光，導致疫苗大缺貨。

其實，大家真的不用這麼緊張啊！古代稱「痘、麻、驚、疳」為兒科四大科，中醫典籍中早就有治療麻疹的記錄。「什麼？麻疹是兒科四大科之一，你還叫我們不要緊張？」真的不要緊張，教學醫院的兒科醫師都說了：「麻疹的症狀只是發燒、出疹，在台灣威脅性很小，近二十年來從沒有人因麻疹併發重症、死亡。」

既然如此，那為什麼古代中醫要將麻疹列為兒科四大科之一呢？最主要的原因，其實是因為古代小孩很容易營養不良！

因麻疹死亡，與營養不足有關

要先知道一件事，中國古代以農立國，以農業為主，這對國家統治者來說雖是好，但對農民來說並不好。因為農民要看天吃飯，只要遇到天災人禍，農民都是最先受害的。

古代農民大多有營養缺乏症。為什麼呢？因為古時候大多數農民的食物來源很單一性，例如種玉米的，大概一年四季都以玉米為食；種稻米的，大概都吃稻米，種地瓜的大概就只吃地瓜。

這還是明朝以後，主要作物多樣化，大家種的主要糧食作物種類開始有差異性。在更早之前，農民沒什麼選擇，手邊有的、適合環境生長的就那一、兩種而已。如果沒遇到過年過節，不用說吃什麼蛋白質，連糖類都是奢侈品。因此絕大部分孩子都有營養不良的狀況，畢竟家裡的頂樑柱（主要的勞動力和經濟來源）都吃不飽了，哪裡還輪得到小孩？肚子餓也只能等到最後再吃。所以，古時候的農民很多都有夜盲症。

一定有人會問：「夜盲症？醫師，我們明明在說麻疹，為什麼講到夜盲症？」因為夜盲症在古代之所以常見，原因就是維生素A缺乏。而在古代或是現代未開發國家，孩童麻疹的死亡率高達百分之五至十。不過，前面有提到了，台灣已經二十年沒有人因麻疹併發重症、死亡，為什麼呢？

一般來說，罹患麻疹的小孩會大量消耗體內的維生素A，導致急性維生素A缺乏。西醫臨床治療時，輔助補充大量維生素A，可降低麻疹患者的死亡率。不過現在台灣營養充足，讓小孩補充維生素A，幫助也不是很大。

說了這麼多，重點是：大家營養都很充足，不用太擔心，也不用一窩蜂急著去打疫苗！

中醫也可以治療麻疹

剛剛說到「麻」是中醫兒科四大科之一，自古以來有很多書籍告訴我們如何處理麻疹。

正常的麻疹，一般來說可以分為三期：發疹前、發疹後、恢復期。麻疹的病程，大概是七到十四天，我們可以用中醫常規的辯證論治，來減少患者的不舒服，幫助麻疹的透發，恢復患者的體力。順利的話，更可以減少麻疹發病不適的時間。

但是麻疹也有比較嚴重的，中醫稱為「逆證」。一般是醫師處置不好，或患者體質不佳，有可能「麻毒閉肺」（併發肺炎）、「熱毒攻喉」（併發扁桃腺腫大），甚至「邪陷心包」（昏迷），這些都算是麻疹的重症。不過不用擔心，剛剛不是說了嗎？台灣已經二十年沒有出現重症，加上中醫和現今主流醫學都有處置方法，更不用擔心了。

麻疹預防法，爸媽可以這樣做！

不想帶孩子去打疫苗的爸媽，可以試看看以下的方劑，元代危亦林的《世醫得效方》裡記載可以預防及治療「天行疹痘」，按時服用可以減輕一些天行疫毒邪熱，且最重要的是，沒有副作用。

藥浴

緩解麻疹藥浴

材料

麻黃、浮萍、芫荽各二十五克，水七百ＣＣ。

藥材

①將藥材放入鍋中，加水後煮滾，煮五分鐘。

②倒入澡盆中，再加入適當量的溫水拿來泡澡或直接用藥水擦拭身體。

功效

可以緩解麻疹帶來的不適感。

食療

三豆飲

材料

赤小豆（紅豆）、黑豆、綠豆各一百至一百五十克；甘草十五至二十克。

作法

以上材料加水煮到像稀稀的綠豆湯一樣就可以，然後把湯汁當水喝。

功效

活血解毒，麻疹、水痘發生時可滋陰清熱，縮短病程。

提醒

如果已經罹患麻疹，建議在三豆飲裡，再加一點升麻、葛根、紫草一起煮來喝，可幫助透發疹毒。

病症⑥ 扁桃腺炎

小兒圈常見流行病——急慢性扁桃腺炎

只要感冒流行的季節一到，小孩得到扁桃腺炎的機率非常高，有的人是偶發性的急性扁桃腺炎，不過也有人已經變成慢性，會反反覆覆的發作。

急慢性扁桃腺炎，中醫稱「乳蛾」，是指喉部扁桃腺體腫大，或伴隨紅腫疼痛，甚至潰爛。小孩因為稚陽未長，稚陰不足，加上現今的飲食中的熱性多，生活作息又不好，晚睡傷陰，導致小孩常會發生這類疾病。

扁桃腺炎一年四季都可能發生，一般來說預後良好，所以爸媽不用太擔心。當小孩得到扁桃腺炎時，我們只要注意是否有伴隨著呼吸和吞嚥的困難。如果有呼吸和吞嚥的困難，又沒有功力高強的中醫師適當地放血，或是用藥物吹喉來急救，往往患者會因此產生窒息的危險。所以當你發現小朋友有呼吸和吞嚥的困難，請不要猶豫，直接送急診。

中醫有助縮短病程

至於一般情況，中醫可以幫上什麼忙呢？中醫幫的忙可不小，可以縮短孩子的病程。乳蛾又可以分成實熱型和虛熱型，症狀如下：

實熱型

◎症狀：咽喉痛、發燒、頭痛身痛、扁桃腺腫脹紅痛等。

◎治療法：①爸媽把手洗淨，手指沾點鹽，直接抹在扁桃腺上。
②扁桃腺發炎處可以噴點吹喉散等藥物。

虛熱型

◎症狀：不太發燒，常覺得口乾舌燥，扁桃腺多半腫大而不太痛。

◎治療法：在合谷、曲池、足三里、大抒、百勞、少商等穴位，以拇指指腹進行按摩及熱敷。

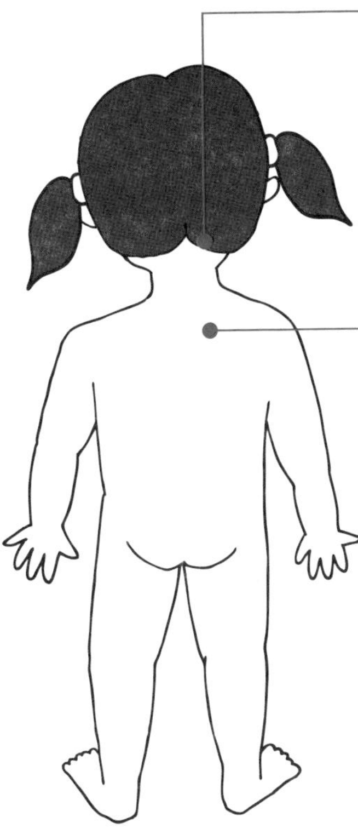

百勞

位置：位於頸部，當大椎直上2寸，後正中線旁開1寸。

大抒

位置：在背部，當第1胸椎棘突下，旁開1.5寸。

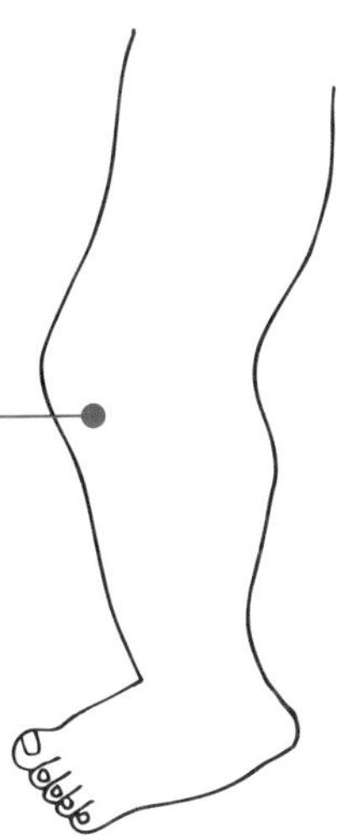

足三里

位置：膝關節彎曲成90度，膝蓋骨外側下方的凹陷，再往下4橫指處。

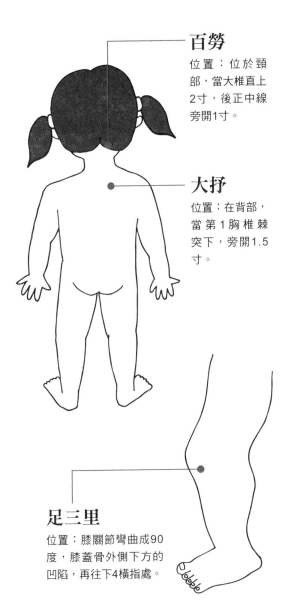

留意飲食、排便要順

最重要的是要注意孩子的飲食，要清淡，且保持大便通暢。千萬不要以為這是小病就忽視它，認為身體有自癒力，自然會好。如果不注意，也是有可能造成關節炎、心肌炎等嚴重症候。

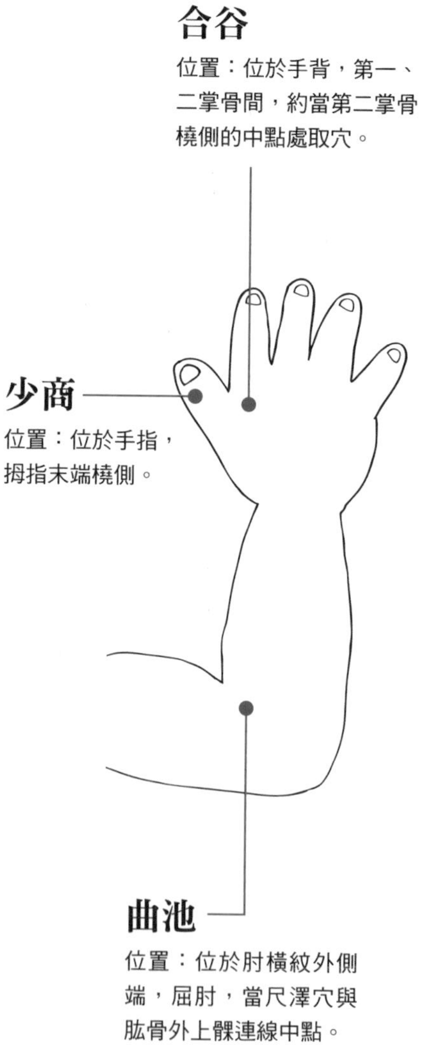

合谷
位置：位於手背，第一、二掌骨間，約當第二掌骨橈側的中點處取穴。
少商
位置：位於手指，拇指末端橈側。
曲池
位置：位於肘橫紋外側端，屈肘，當尺澤穴與肱骨外上髁連線中點。

Part 2

心惶惶！
最難纏的五種小兒急慢性病

難以根治的過敏性鼻炎

很多爸媽以為孩子有過敏性鼻炎，反反覆覆不會好，其實很多時候，孩子未必是真的過敏性鼻炎，只是反覆受風寒而沒發現而已。

「醫師，我們是朋友介紹來的。他說你很會治小孩過敏性鼻炎。」媽媽說。

「你怎麼知道弟弟是過敏性鼻炎呢？」我不解地問。

「他每次天氣開始變冷，鼻子就過敏啊。」

「有哪些症狀呢？」我追問。

「他每天晚上都會流鼻水、打噴嚏、鼻塞。白天醒來，去學校以後，大概中午前就好了。我還帶去驗過敏原。」（這個媽媽很關心小孩的狀況喔）

「所以你帶去西醫驗完後，過敏原是什麼呢？」我問。

「就塵蟎稍微高一點……」

「好吧！我來看看。」

（五分鐘過後）

「你這孩子很正常啊！就是常受風寒而已。」我說。

「什麼？我們都很注意啊！衣服都穿夠，在家也都有穿襪子。」媽媽一臉驚嚇地說。

「嗯……他有去幼稚園嗎？午睡是睡地板嗎？」

「學校有睡網床，我們也有帶睡袋，連在家睡地板也都有鋪地墊。」（說到重點了）

「鋪地墊？睡地板？該不會還睡靠近窗戶的位置，窗簾沒拉上，免得睡過頭？還是根本用百葉窗？」我劈哩啪啦說了一堆。

「醫師，你怎麼知道，你來過我家嗎？我們家是用百葉窗耶！」

「……」

睡覺環境造就的「過敏性鼻炎」症狀

你的孩子是不是常常夏天沒事，冬天就開始各種「過敏性鼻炎」的症狀。睡覺時就鼻塞，清醒時又沒事。之前我網路上的文章，也有很多爸媽留言問，明明自己已經留意很多事情了，為什麼孩子還是會受寒？

確實，很多媽媽在孩子清醒時，完全練成了「避風如避箭」的內功心法。可是，百密有一疏，雞蛋再密也有縫。假使沒注意到睡覺環境的問題，小孩罹患的可以說是「風水性感冒」。

如果你的孩子是睡地上（只墊個墊子），或是床在窗戶旁，或正對著門，即使家裡使用氣密窗，窗戶附近的氣溫跟室內比還是偏低。更何況普通窗戶一定會有微微的風不間斷地吹進來。孩子醒著的時候，機體活動旺盛，自然不怕這麼一點點寒風，可是睡著了以後呢？如果平常保護太周到，肌膚腠理疏鬆，睡眠時的這些風寒，自然會影響孩子，讓大人覺得這孩子身體好像很弱，老是在感冒。

風寒無法擋，但環境可以調整

天氣有四季變化，本來就有天氣比較寒冷的時候，現在除了冬天外，還有夏天吹不停的冷氣，所以很多孩子一年四季都在受風寒。但孩子是可以不受這些「風水性感冒」的，家長只要在環境上略作調整，就可以緩減這類症狀。

在睡覺的臥室中，孩子的床請不要緊貼窗戶，窗戶最好用窗簾隔絕寒氣，冬天時當然睡覺不開窗；夏天呢？就少吹冷氣囉！我誠摯的建議爸媽要讓孩子睡在「床上」，所謂的床是架高的床，不是地板上的「墊子」。這些作法都能讓寒氣留在地板，減少孩子被寒氣侵犯的機會。

很多上幼兒園的孩子會在學校午睡，也請家長盡量和學校溝通，不要讓孩子直接躺在地板上，最好要有網床或墊子，墊上再加墊被。

不過中醫也常說「若要小兒安，常帶三分飢與寒」，意思就是不要吃太撐、包太緊。很多孩子的肌膚腠理疏鬆、容易受寒，都是因為平常包得太厚太緊，自然稍一受風就感冒。孩子穿得暖就行了，不需要過度「包裝」啊！

氣喘逆轉勝！從生活習慣及按摩著手

現代小孩過敏機率非常高，尤以氣喘最令家長恐懼。家有氣喘兒，可藉由中醫按摩、生活習慣來改善，讓小孩少受一點罪。

一提到氣喘，因為聽過太多名人因氣喘而死，大家心裡是不是都有點怕怕的？但氣喘處理不好，真的會出人命，不能不留意！

哮和喘是不一樣的

「氣喘」通常就是中醫所說的哮喘，明代兒科專家萬全，在《幼科發揮》裡就提到：「小兒素有哮喘，遇天雨而發者。……發則連綿不已，發過如常，有時復發，此為宿疾。」不過中醫的哮和喘是不一樣的，「哮證」是指胸中有痰，胸喉發出咻咻咻的聲音，而「喘證」是指張口抬肩，沒做什麼事就呼吸急促的喘起來。

由前面萬全先生提出的「宿疾」就可見哮喘很難治這問題，從古至今一直困擾醫家。但為什麼現代小孩氣喘率這麼高呢？中醫認為，哮喘主要是因為小孩體質痰飲伏留，加上寒溫失調、飲食失節、接觸異物……種種因素加起來，讓哮喘發生率大增。

現代氣喘發作最大元凶

說了一堆中醫黑話，把大家唬得一愣一愣的，這真的不是我的風格。簡單說，我覺得是Michael Faraday❶的錯。為什麼是他的錯？因為他發現壓縮及液化某種氣體，可以將空氣溫度降低的理論。後人藉此發明了壓縮機。而壓縮機可以製造冷氣及冰箱，從此改變了人類對氣候的控制和飲食習慣。

簡單的說，就是「吃冰、喝飲料、吹冷氣」，是現代人氣喘發作的最大元凶。雖然空氣及環境污染嚴重（我有遇過患者移居到國外，異位性皮膚炎和氣喘都好了的例子），是導致現在氣喘發作率升高的一個重要因素。但我還是覺得冷氣和冰箱才是最主要的兇手。因為，冷氣會讓空間中的寒溫失調，而冰箱則讓飲食生冷的機會變大。

先說冷氣好了，整晚吹冷氣是一大問題沒錯，但最大的癥結，還是進出冷氣房的溫度變化過大。想想看，小孩大多是多痰多濕的體質，又很會流汗，當他們在外面活動一下，就被帶進便利商店吹個冷氣，再喝個甜甜的涼飲，整個寒飲就伏存於體內。有時本來沒有哮喘的小孩，也會因為感冒誘發，自此就一直有哮喘。

家有氣喘兒，靠按摩來緩解

嚴重的哮喘發作時，當然要使用氣管擴張劑趕緊抑制下來，以爭取時間趕快送到大醫院作緊急處理。有些西醫為了避免小孩哮喘發作，會要求他們長期使用低劑量的氣管擴張劑。但是一直吃藥，又會讓小孩的體質變差。而如果小孩已經長期使用，突然要停掉氣喘藥，大部分的爸媽可能也覺得心驚膽跳、無法承受。

要改善小孩氣喘的情況，除了不要吃冰、喝冷飲、吹冷氣，建議平時可以幫孩子做些小兒按摩。替有氣喘的小孩按壓、揉捏肺俞、風門等穴位，通常都會找到筋結點（不正常的筋膜緊張處），將不正常的部位按摩開，會有不錯的效果。

雖然前人要求按摩次數要「大三萬、幼三千、小三百」，也就是大人三萬次、小孩三千次、嬰兒幼三百次，但對於忙碌的現代人來說，很難做到啊！其實只要有按，對孩子就有幫助，爸爸媽媽們的壓力別太大！等孩子身體比較好了，氣喘藥也能夠漸漸減量。

❶麥可・法拉第，英國物理學家，在電磁學及電化學領域做出許多重要貢獻，其中主要的貢獻為電磁感應、抗磁性、電解。他詳細地研究在載流導線四周的磁場，想出了磁場線的點子，因此建立了電磁場的概念。

中醫爸爸這樣做！

氣喘兒必按摩的2大穴

○肺俞

位置：位於人體背部，第3胸椎棘突下，兩側旁開1.5寸。

○風門

位置：位於背部第二胸椎棘突下，兩側旁開1.5寸的位置，約與肩胛骨上角平行。

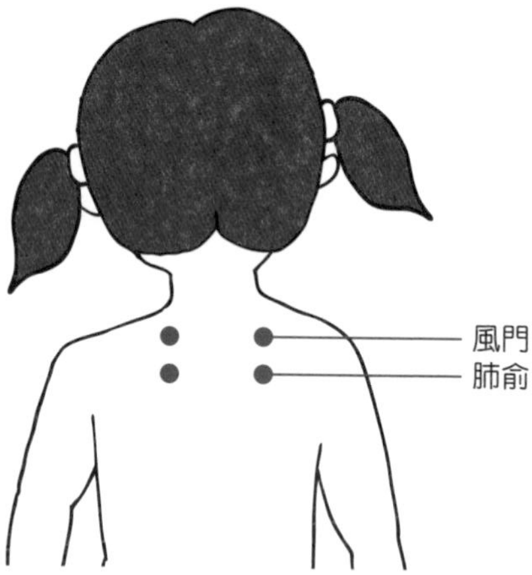

調好體質，異位性皮膚炎不再來！

異位性皮膚炎是非常難纏的疾病，發作時會搔癢難耐，小孩常抓得流湯流水，爸媽看在眼裡、疼在心裡。

異位性皮膚炎真的非常棘手，和這種病糾纏的過程簡直像是惡夢一場。我遇過一個孩子搔癢發作時，每晚睡覺時至少醒過來三次，癢得難受，整晚又哭又鬧。每晚這樣折騰，不只小孩難受，最後連身體看似強壯的爸爸都崩潰了，搞到神經衰弱，要靠安眠藥才能入睡。

什麼？你問我為什麼不是媽媽崩潰，而是爸爸？雖然身為男性，但我在這裡真的要讚揚一下媽媽們的堅強與偉大，因為遇到有關孩子的大事時，女性通常能抱著跟它拚下去的決心而戰鬥，男性呢？在這方面的抗壓性，大多是比較差的。
身為一名中醫師，讓我來分享一下自己跟異位性皮膚炎認識的經過吧。

異位性皮膚炎，中醫所說的濕疹、四彎風

我父親一生致力研究中醫，所以我從小耳濡目染的跟著他看過許多患者，卻從來沒聽過「異位性皮膚炎」這個詞。等到我自己考上中醫師，開始實習之後，才第一次聽到「異位性皮膚炎」。

我開始看診後，某天一位媽媽帶著孩子來看病，說是「AD」，當時我完全聽不懂這是什麼怪病。搞了半天才知道，原來異位性皮膚炎、AD，都是我父親以前常說的「濕疹」、「四彎風」。

中醫的四彎風指的是一種特別的濕疹，好發於四肢彎曲處，也就是膝蓋窩、手肘窩，因為這些地方容易流汗、積汗，又濕又熱的，是濕疹好發處。不過，中醫的四彎風是指兒童和成人期的異位性皮膚炎，如果是嬰兒有異位性皮膚炎，大多好發

於臉部，中醫則稱之為「奶癬」、「胎瘡」。

異膚不只要清熱，調理體質才是關鍵

根據西醫統計，從出生到二歲左右，異位性皮膚炎的疹子通常是發在臉上，二歲後開始往脖子及四肢外側蔓延，三歲左右擴展延伸到四肢關節內側，也就是四彎風，通常皮膚發炎潰爛的情況也會比較嚴重。

治療異位性皮膚炎最常碰到的問題，就是有些中醫師認為這是一種發炎、上火的狀態，因此一直開清熱瀉火的藥，像是龍膽瀉肝湯，用大苦大寒的藥來對付它，卻忽略了應該調理體質才是重點。

異位性皮膚炎的發生，確實跟體內「火太旺」有關，我遇過的異膚病患中，很多都不太會流汗的，熱會一直積在體內。所以，只要想辦法散熱，症狀自然會改善。但又不能像一般人一樣利用運動或泡澡來流汗、散熱，這樣的方式對他們來說太激烈了，有時只會有反效果，只能用藥物來幫忙散熱。異位性皮膚炎屬於慢性病，只靠清熱是不夠的，從體質上來調整才是根本之道。

皮膚的燥鬱症，讓爸媽也崩潰

我有一個異位性皮膚炎的小病患，爸爸帶著他到處求醫，連高雄都去了，但症狀一直沒有好轉。這個小孩看起來就像哆啦A夢裡的大雄一樣，體質弱不禁風，天天都在生病，連牙齒都蛀光光。

問了爸爸之後，果然，這個小孩平時食慾很差，排便也是顆粒偏硬，平時不喜歡運動、不愛說話，且很少流汗。每當異位性皮膚炎發作時，小孩因為癢，會一直抓，尤其膝蓋後側抓得更是嚴重，看了真的於心不忍。

仔細檢查後，我發現孩子的手肘及膝膕彎曲處，除了有皮膚角質增生的現象，而且還已經呈現苔蘚樣。像這樣的情況，我會先開藥幫他止癢，以減緩發作的程度，但重點還是調理體質，才能根治。

異位性皮膚炎就好像「皮膚的燥鬱症」一樣，沒有規則可循，治療期間的情況難以掌控，可能這週出現傷口靡爛、紅腫，下週變成乾癢、流血。很多爸媽遇到這些狀況，有時情緒難以承受，甚至會開始懷疑醫師的醫術。

中醫對於異位性皮膚炎的照護法

大部分異位性皮膚炎的小孩都不建議使用肥皂，因為肥皂容易將皮膚的保護膜洗掉。嚴重發炎時，建議可以擦蛋黃油、蘆薈凝膠或中醫師按照體質所開的藥膏。此外，中醫的外洗藥浴對於消炎、止癢也有不錯的效果。

不過，中醫師所開的藥膏名稱雖然差不多，但每家醫療院所的配方會有些許差異，像我會在紫雲膏裡添加豬油，讓滋潤效果強一些，對於異位性皮膚炎皮膚乾燥脫屑的情況很有用。如果能夠內服藥加上外用藥一起配合，異位性皮膚炎應該會好得很快。

最後最後，要再次提醒爸媽們，醫師在治療異位性皮膚炎時，除了病情有時難以掌控，很多時候還會因為爸媽的恐懼、心急，無法專心配合醫師或到處尋求偏方，反而讓療程多了許多變數。

所以，不要帶著孩子輕易的變換醫療方式，舟車勞頓的到處奔波求醫。選擇一位你信任的中醫師，然後把小孩放心的交給他處理一段時間，對於病情的治療，才是最實質的幫助。

藥浴

異位性皮膚炎外用藥浴
蛇床子湯

藥材

蛇床子、當歸、威靈仙、苦參各十五克。

作法

①將所有藥材放進七百ＣＣ的水裡煮，煮到約五百ＣＣ。
②將煮好的藥水倒入平時的洗澡水裡，按照一般的洗澡方式使用。

功效

清熱止癢，活血解毒。

治療小兒過敏，一定會談到三伏貼！

三伏貼是用溫熱的藥灸來做治療，達到冬病夏治的道理，但不是每個孩子都有效，更不是每個孩子都適合。

每年七月一到，許多醫院或中醫診所都會推出三伏貼門診，有過敏體質的小孩，也常被家長帶去貼三伏貼。但三伏貼到底是什麼，又該怎麼貼呢？

三伏貼是什麼？

三伏貼是中醫的「天灸療法」，屬於一種「藥灸」。所謂藥灸，就是用藥貼在你的皮膚上，讓皮膚、穴位吸收，達到治療的效果。

三伏貼的理論，是找出曆法中天氣最熱的節氣，大約小暑到大暑之間，稱為「三伏」。三伏又分為初伏、中伏及末伏，大約各十天左右。會選在最熱的時間來藥灸，是因為此時毛孔已經打開，藥效更容易被身體吸收。不過，是不是一定要特定日期貼才有效？其實沒有一定要哪天，只要在那幾天貼完三次就好！其實只要是適合溫熱藥灸治療的體質，一年三百六十五天，選哪一天來貼都可以的。

三伏貼對哪些孩子來說有效？

這個問題很好！清代張璐的《張氏醫通》中提到：「冷哮灸肺俞、膏肓、天突，有應有不應。夏季三伏中，用白芥子涂法，往往獲效。方中白芥子一兩、延胡索一兩、甘遂、細辛各半兩，共為細末，入麝香半錢，杵勻，薑汁，調涂肺俞、膏肓、百勞等穴，涂後麻瞀疼痛，均勿便去，候三炷香足，方可去之，十日後涂一次，如此三次。」這段話的白話文，大致上就是有哮症的患者在穴道上進行藥灸，有的人會改善，但有的人沒效。如果是在夏季三伏，往往效果比較好。作法是將藥材混合薑汁，塗抹在穴道上，塗上去後會又痛、又麻、又癢，等三炷香過後才可以取下藥物，十天後再來一次，總共三次。

看到這位張先生說的話，真是心有戚戚焉！我曾有幾個患者貼了以後，奇效！多年的鼻過敏和哮喘得到前所未有的改善，但為什麼改善？什麼人會改善？老實說，我跟張先生一樣，真的不知道為什麼！只不過小孩似乎比大人有效一點，也許是因為孩子皮膚角質層沒那麼厚，對藥物吸收能力較好，因此感覺特別有效。

確定小孩能控制，再貼三伏貼

每個小孩都能貼三伏貼嗎？當然可以！不過，前面有說，貼了以後會又熱又痛又癢，然後還要持續貼三到四小時。只要你有自信，能夠控制你家的小惡魔在背部熱、痛、刺、癢的情況下，維持三到四小時，就可以貼。

這種時候不妨叫你家隊友用手機把狀況錄下來，這些年，在三伏貼的日子裡，我在診所看過太多親情倫理大悲劇了。有些大人這時會氣急敗壞的痛罵孩子為什麼不乖乖貼，其實很多大人都不見得能貼得住。

我曾聽過很多人抱怨現在的三伏貼貼了也沒效，實在是因為連大人都沒辦法貼足時間、忍過三、四小時的熱痛癢。

○中醫生活百科

中醫如何治過敏，沒有標準答案！

中醫講究辨證論治，針對過敏性疾病，並沒有統一的治療方式，通常會視小孩的情況來給予建議。

過敏是西醫的定義，中醫沒有這樣的名詞。西醫的過敏指的是身體接觸過敏原，誘發免疫系統產生不正常的發炎反應，例如分泌組織胺，進而讓黏膜組織腫脹、充血。常見的過敏疾病有異位性皮膚炎、過敏性鼻炎、氣喘或腹瀉等。西醫治療過敏問題時，最常使用的就是抗組織胺跟類固醇，前者可以抑制組織胺的分泌，後者則是直接阻斷組織胺分泌機制。

常有爸媽帶小孩來看診，一開口就說孩子過敏了，其中「過敏性鼻炎」是最常被提到的問題。因為過敏是西醫的名詞，中醫在治療過敏疾病時也跟西醫大不相同，我們還是得經過「辨證論治」，針對小孩本身的體質及狀況去調理，而不會每個過敏的孩子都給一樣的藥。

就如同地理會有「微環境」的問題，若是屋子前有水、後有山，能夠藏風納氣，這樣的微環境就會比較穩定。我認為身體也有風水學，若身體某個經絡出問題，其他地方可能也會被連累，這就好像高速公路上有個小車禍，整個交通問題都會被影響到一樣。所以，如果小孩常吹風受寒，導致膀胱經氣血運行不順暢，身體的經絡就會有淤堵的狀況。當身體循環失常時，氣血打不上來，背後及脖子都會變得僵硬，頭面部問題就會開始出現。

此外，遇到體質特別虛弱的小孩，我也會幫他調養一段時間，如果是飲食造成的過敏問題，像是吃得太過生冷、吃太甜，就會建議媽媽在食物方面多注意。有些小孩喜歡吃油炸食物，不但造成體內積熱，也會讓體重上升，像這種情況，只要少碰油膩食物，過敏的情況就會減少很多。運動量不足的小孩，只要多去跑跑跳跳，多曬太陽，過敏的情況也會有所改善。

所以，中醫到底要怎麼治療過敏？真的沒有標準答案！

讓爸媽聞風喪膽的急性中耳炎

中耳炎是小孩間常見的疾病，據統計，約有百分之七十五的小孩得過。不過也有人感冒併發中耳炎，最後造成聽力受損，不得不當心！

常有朋友（尤其是媽媽）會私訊問：「醫師，我小孩說他耳朵痛！我要不要帶去看急診啊？」

小孩三到五歲以後，可以很明確的表達耳朵痛。較小的嬰兒不會說耳朵痛，只會哭哭、鬧鬧，或不斷地用手摩擦、拉扯有問題的耳朵。

耳朵痛有哪些原因呢？大概不出是中耳炎、耳道癤腫、外耳道炎，以及耳耵聹拴塞。全都聽起來很恐怖，對不對？其實這種恐怖出自於兩個狀況，一個是媽媽的愛，一個是我們對病名的不熟悉感。

正常人如果聽到孩子說耳朵痛，然後查到中耳炎的併發症是耳聾、聽力喪失、影響語言學習發展、腦膿瘍等，相信不用是媽媽，就算是爸爸，都會嚇得不知所措。接著帶去醫院，不管醫師說什麼，九成九都會說「好、好、好」，全聽醫師的處置。

醫師是提供專業知識，可不是販售恐懼，只不過專業知識有點嚇人。如果再加上爸媽的愛和小孩的哭聲，一不小心就變成恐懼了。

急性中耳炎須具備的條件

我決定減少爸媽們的一點恐懼，來跟大家談談什麼是急性中耳炎。急性中耳炎的診斷一定要有三個條件，且要全部都有才算是：

第一、急性發作（如：突然發燒，或突然疼痛）。

第二、醫師用耳鏡有看到中耳腔裡有積液。

第三、有中耳發炎症狀（如：疼痛，或者醫師看到耳膜泛紅鼓脹）。

中耳炎對孩子來說真的很常見，所以誇大或誤診，也履見不鮮。有的醫師為了保護孩子，會將病情說得嚴重些，有的醫師體諒父母的恐慌，會把病情說得輕一點，但這都出自於善意。

中耳炎可以這樣處理！

中醫古籍裡記載的「小兒耳漏」，就是指中耳炎，意思是中耳炎造成鼓膜穿孔後出現耳朵流膿流水的症狀。我們對急性中耳炎的治法，不管穿不穿孔是一樣的，都是開內服藥加外用藥治療。

如果是急性發作期（就是小孩

藥方

黃連滴耳液（黃連水）

藥材

黃連五克，冰片〇．三克。

作法

將以上藥材，加在蒸餾水煮一下即可使用。

哭得你六神無主時），又可以確定是陽證❶的話，可以將少許黃連水滴入耳內。如果嚴重到耳根部都腫脹了，建議再用三黃粉加水或酒，攪拌均勻，弄得像爛泥巴一樣，敷在耳根外部（耳後高骨處）消腫止痛。

❶陽證：凡是急性的、動的、強實的、興奮的、功能亢進的、代謝增高的、進行性的、向外（表）的、向上的證候，都屬於陽證。一般來說發燒、高熱、腫脹都屬於陽證。

令爸媽不知所措的其他耳疾

前面提到了急性中耳炎，除了那令人聞風喪膽的耳疾之外，耳道癤腫、外耳道炎、耳耵聹拴塞聽起來也很恐怖，這又是些什麼病呢？

耳朵會長青春痘？！

如果在小孩狂哭時，跟爸媽說「耳道癤腫」、「外耳道炎」，這些聽起來很恐怖的疾病名，相信百分之八十的爸媽心臟都會抽起來，整個吊在半空中。但如果醫師說：「喔，他就是耳朵長青春痘（耳道癤腫），然後外耳道表皮有點紅腫而已（外耳道炎）」，這樣聽起來差很多吧？應該就不會那麼令人緊張了。

至於為什麼耳朵裡會長青春痘？為什麼會發炎？我們只能猜測，是不是游泳進水了？還是挖耳朵時導致破皮？還是有蟲跑進去？或是某些食物吃太多，造成身體黏膜分泌物改變，進而造成外耳道裡菌落的改變？我還是必須誠實說，確切原因我們真的不知道，因為有太多的可能，所以只要專注於解決現在的症狀就好。

別小看耳疾，痛起來哇哇叫

那耳朵長青春痘和外耳道炎，有什麼症狀呢？其實，它們的症狀跟急性中耳炎很像，都是以耳痛為主，在張口、咀嚼或打呵欠時，疼痛感會加重。

如果青春痘超大，塞住外耳道時，會聽不清楚媽媽在罵人（是真的啦！）。嚴重時，耳朵碰觸就會痛，更不用說輕輕拉耳朵了，小孩一定會哇哇大哭兼大鬧。我會說拉耳朵，是因為判斷急性中耳炎多半要重拉，或是按壓耳根底部才有感覺，當然也有沒感覺的。但是外耳道炎、耳道癤腫多半輕輕拉耳朵，就會有明顯的疼痛或不適反應。

耳疾可以這樣處理

耳朵長青春痘，中醫稱為「耳癤」或「耳疔」，如果小孩沒有任何病史，或確切的原因，中醫認為多半是風熱毒火造成。

爸媽一定急著想問怎麼處理，我會說：「去看耳鼻喉科吧！」（我怎麼老是把病患往外推？！）廉簡便效，一直是我對待醫療的宗旨，或者，你也可以試試中醫的處理方式，像是使用黃連水（作法請詳見P.95）或是三黃粉、如意金黃散加在蒸餾水煮一下，外用在耳

藥方

三黃粉

材料

三黃粉（大黃、黃連、黃芩）各十五克，蒸餾水五十毫升，紗布一小塊。

作法

①三黃粉加在蒸餾水煮五分鐘。

②浸潤紗布後，將紗布輕輕塞入耳中十至十五分鐘。

功效

清熱解毒、消腫止痛。

※三黃粉也可用市面上的成方如意金黃散來替代。

道。當然也可以配合中藥內服治療，誰知道這個症狀是不是腸胃積熱這類原因造成的？！

那耳盯聹拴塞呢？這大多是因為耳屎太多塞住了，只要去藥房買耳垢水或是用嬰兒油、甘油滴入耳中，等個十到十五分鐘再沖洗就好了。或是請專業的耳鼻喉科醫師幫你清除，是最快的方法。

讓爸媽心裡一陣抽動的小兒熱痙攣

看到小孩又發燒又抽搐，爸媽一定是心疼又心驚，面對熱痙攣，到底要如何處理呢？聽聽兒科中醫怎麼說！

「醫師，我小孩會熱痙攣ㄟ！」每次只要聽到這句話，身為爸爸的我，心裡真的一陣抽動。

西醫都說單純性的熱痙攣，是一種良性的腦部不正常放電，很多小孩都會有，發作時不用緊張，會自行停止。等孩子大了（約莫六歲）就會好，還要爸媽不要太緊張。如果不放心，不妨服用些抗癲癇藥物。

可是，沒有遇過孩子熱痙攣的爸媽，是無法了解那種煎熬的。前一分鐘小孩還在快樂的玩耍，下一秒就出現抽搐、失去意識、身體不斷抖動、四肢揮舞、眼球上吊、嘴唇發青……通常發作不超過三分鐘，但對爸媽來說，絕對是最漫長、最黑暗的時間（最好真的不用緊張啦，嚇都要嚇死了！）

熱痙攣歸在中醫的驚風類

熱痙攣這種症狀，中醫歸在「驚風類」，不管是「急驚風」或「慢驚風」，都是指熱痙攣。粗略的分法如下：

◎急驚風：發病急迫、小孩體格壯實，多稱為急驚風。

◎慢驚風：如果久病中虛、反覆發作、小孩臉色發青、體格瘦小，可稱為慢驚風。

其實，急、慢驚風的範圍，不僅侷限在熱痙攣的部分，還包括了很多類似癲癇症狀的病證。

體溫變化導致熱痙攣

如果因為害怕痙攣發作，反覆給予退燒藥，臨床上發現這類小孩的臉色較無血色，略帶青白或青黑，這就是脾胃受傷的狀況。且許多研究指出，不管多積極使用退燒藥，很多時候都無法避免熱痙攣發作。大量使用退燒藥反而會有其他的風險，除了體溫會降太低以外，特定類型的退燒藥還會有腹痛以及胃出血的副作用。

中醫認為，熱痙攣這種症狀是因為小孩「真陰未充，突感邪熱」，勉強解釋起來，大概是因感冒或上呼吸道發炎日久，耗損體內津液，高熱不退或因電解質失衡，因而產生急驚風的症狀。慢驚風則是因身體條件較差，導致反覆發作的現象。

首次熱痙攣發作，先做詳細檢查

家中寶貝如果發生熱痙攣，不管你是鐵桿中醫擁戴者，或是西醫抗拒者，只要是第一次，都請你務必帶孩子去大醫院做詳盡的檢查，以排除其他危險的徵候，例如癲癇或腦部腫瘤。那如果確診是單純性熱痙攣，中醫能幫上什麼忙呢？

「驚」，被中醫歸類為小兒四大要症之一，自然擁有獨到的治療方式。小兒驚風，自古以來就是中醫兒科的重症。雖然熱痙攣是屬於驚風的輕症，仍不可輕忽。

之前說過，急驚風大多是因痰熱過盛，加以外感風邪，導致風熱相合而成驚證，所以中醫用藥會以化痰、清熱、祛風、鎮驚為主。一旦病程已經發展成慢驚風，就只能從體質慢慢調理。

驚風當下須按壓的四大穴

驚風發作當下，除了要保持孩子呼吸道通暢，你可以先用力的壓按孩子的大敦穴或鞋帶穴，同時用指甲掐按合谷穴，並加以掐揉二扇門。

一定有人會問：「為什麼不掐按人中？」因為，對孩子來說，掐人中的刺激太強，非不得已，不輕易使用。

合谷穴

位置：位於手背，第一、二掌骨間，約當第二掌骨橈側的中點處取穴。

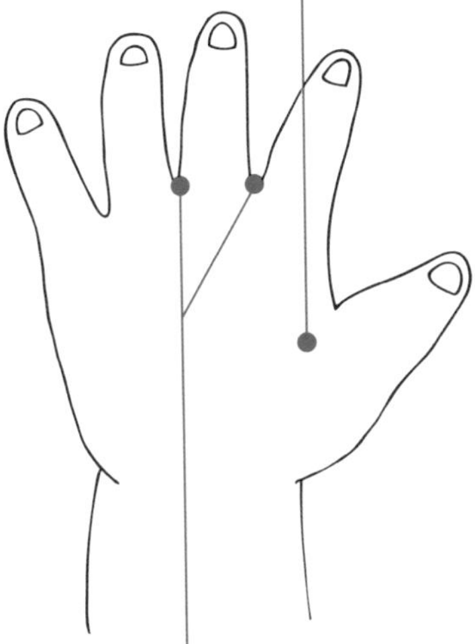

二扇門

位置：在手背中指根兩側凹陷中點。

大敦穴

位置：大拇趾趾甲根內側，往下2mm的位置。

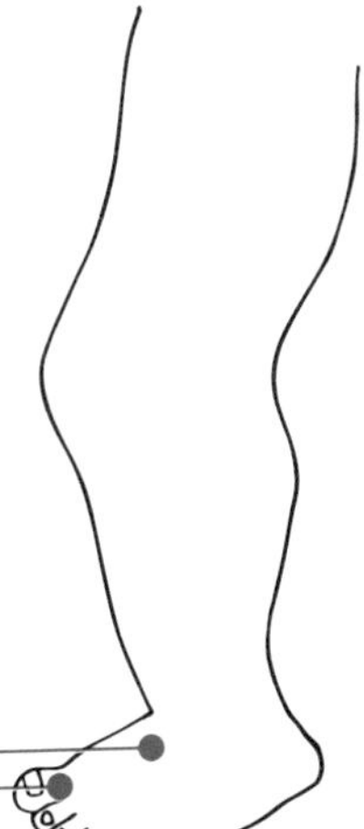

鞋帶穴

位置：位於足背踝關節橫紋的中點，兩筋之間的凹陷處。

中醫的日常調養方式

如果家中寶貝有驚風體質，平時就可以幫孩子多按摩「清天河水」，掐揉「二扇門」、「捏脊」等，來增加孩子的抵抗力。（請詳見P.220、222）

除此之外，生活上也要注意孩子是否經常反覆受風寒？飲食上更要留心，平時是否油膩厚味吃太多？餐跟餐之間是否有不正常的飲食？是否在感冒或發炎期間仍不忌口，多吃了不易消化的食物？

最後還是提醒爸媽們，不要為了避免孩子熱痙攣發作，而一味給孩子退燒藥。更不要以為中藥沒副作用，就不經醫師診斷，胡亂給孩子吃中藥。這些都是錯誤的處置方式。

○中醫生活百科

讓荷包變瘦的益生菌，有用嗎？

益生菌在家長圈裡是很夯的保健產品，但是不是有效呢？答案可能見仁見智！

某天，女兒說：「咦？拔拔，我的積木好像少了佩佩豬和喬治？」

愛女心切的我立馬回答：「喔！那我們買一隻佩佩豬來跟警察先生一起玩，好嗎？」

「嗯！」

過了一會兒，我上了某網。

「咦！佩佩豬除了家人外，還有同學和老師！」

「玩積木可以開發認知能力、專注力、手眼協調能力、人際互動、想像力與創造力……這麼多啊！」

等我回過神來，已經刷了三大桶積木和所有佩佩豬相關人物組了。這兩天看著滿地的積木，摸著因為揀不完積木所造成的腰酸，真有點悔不當初啊！

○補充營養品前，先問問「有需要」嗎？

各位媽媽一定有這種感覺，每次莫名其妙地買了一堆東西，只要上面說「有助於孩子ＸＸ發展，減少ＸＸ對孩子的影響」，就忍不住會失心瘋的敗下去。

就像最近有一位媽媽來看皮膚病，我問她：「孩子最近還好嗎？要上小學了吧？」

這位媽媽說：「他的手骨折了！」

不過，最讓我震驚的不是孩子突然骨折，而是她居然買了龜鹿二仙膠給孩子吃。原本她只是去藥房買個繃帶來幫孩子換，聽到藥師說：「這個有助於小孩骨質癒合」，她就毫不猶豫地買了。再聊下去才發現，孩子還每天吃益生菌，因為聽人家說吃益生菌有助於減少鼻子過敏，增加抵抗力，還可以提高專注力。

但孩子明明沒過敏，是要減少什麼過敏呢？也不常生病，為何還要增加抵抗力？再說，益生菌是要如何增加專注力？是益生菌會跑到腦子裡面幫助思考？還是會增加腸胃道神經的傳導速度，來幫助專注力？（難道有新的研究發表我沒注意到？想到這我忍不住緊張地想抓頭！）

◯多運動、均衡飲食代替益生菌

為人父母的我，當然能理解大人對孩子的愛，都只怕自己給得不夠。但要小心的是，我們的愛是不是被操弄了？很多媽媽看診時問到：「益生菌這種東西，要不要吃？該不該吃？」我通常都回答：「請自行斟酌！」

為什麼？因為我實在沒有多餘的心力去研究益生菌的療效，以及適應的體質。不過，中醫認為肺跟大腸相表裡，加上肺主皮毛，因此有些醫師認為利用益生菌把大腸顧好，跟肺相關的呼吸器官及皮膚都可能獲得改善。

我相信特定益生菌對於某些特殊體質的孩子有一定療效，只是臨床上看到的，大多是吃讓媽媽心安。且光吃益生菌，如果孩子腸胃道環境根本不適合好菌生存，益生菌來一個死一個，豈不是要吃到天荒地老？

與其補充益生菌，不如多帶孩子運動，給他們均衡的飲食，養成良好的生活習慣，體質調整好，腸胃道和身體裡的菌落自然是傾向良好的方向，如此才是一勞永逸的方式。

Part 3

生長不卡關！父母最在意的孩子發育問題

中醫轉骨湯，要選對時機吃！

到底什麼是轉骨湯呢？不是喝了就一定有效，選對轉骨黃金時機很重要！

青春期是小孩快速長高的時期，同時也代表他們快要「轉大人」了。為了幫助孩子發育，很多家長會讓他們服用轉骨方，但轉骨可是大有學問。

春分、白露，轉骨的時節

爸爸媽媽常問我：「轉骨什麼時間最好？」

中醫是順天理、去人欲的醫學。當然，轉骨也不要違逆天地順成之勢。古語說：「春分者，陰陽相半，晝夜均而寒暑平。」一過「春分」，到清明這段時間內，天氣漸暖，白天漸長。陽氣生發，萬物始生。此時應利用地氣上騰，人體的新陳代謝逐漸旺盛，讓整個冬天蘊藏的氣機，藉助春天「萌發」的特性，以宣達運行。

「白露」之後十五日就是「秋分」，秋分也是晝夜均平，一過秋分，一夜冷過一夜，一日比一日夜晚漸長。所以俗諺說：「一場秋雨一場寒，十場秋雨穿上棉。」

白露到了，天氣也漸漸變冷，時令要進入收和藏的階段，人體也是。適度的寒冷，會增強腎的功能，增強腎封藏的能力。腎主藏精，只要冬天藏得好，來年春天生發之時，自然朝氣蓬勃。因此我們要趕在冬天來臨前，著重在「養收」，讓身體更容易蘊藏更多的能量，以助來年的生發。所以，我喜歡在春分、白露這兩個時間讓孩子吃轉骨藥。

「第二性徵開始出現時」是關鍵

但是，不是每個孩子都是這個時間進入青春期啊！是的，所以我會建議男生在第二性徵開始出現的時候，配合中藥調體質。簡單的說，就是陰毛或腋毛開始出現的時候再來轉骨。

女生從第二性徵開始出現，就可稍稍吃一點。如果怕吃過頭，導致生長板閉合，就等到月經來以後再吃。男生也是從第二性徵開始出現，才開始吃轉骨湯。但要留意的是，千萬不要一直吃、一直吃！轉骨湯吃個不停，很容易造成生長板過度刺激而加速閉合。

有的父母擔心，女兒月經來了，是不是就不會再長高？其實不用太擔心，現在的營養充足，蛋白質獲取容易，月經所損耗的養分，很容易補足。並不會因為月經來了，就完全沒有長高的空間了。

第二性徵何時會出現？

那我們怎麼知道第二性徵什麼時候會出現呢？賴醫師在這裡跟大家坦白——沒有別的訣竅，只有「用眼睛看」！小女生可能是胸部變大，小男生則是喉結長出來、變聲。如果爸媽觀察到孩子有「轉大人」的跡象，就可以考量一下是否需要吃轉骨湯。

當然，喝轉骨調理體質的同時，不建議持續吃中藥來長高，因為文武之道，一張一弛，治國如此，轉骨調體質也是這樣。要增加青春期的新陳代謝，促使生長板的增長，也要讓身體適當的休息恢復，這樣才能達到最好的效果。

但是在診間有更多人來問：「醫師，孩子的生長板已經癒合了，中醫有沒有辦法讓他再多長高一點？」這時候必須說，很多中醫信徒或爸媽們，要不是對中醫懷抱著無比綺麗的幻想，要不然就是希望能抓住最後一根救命稻草，但我也只能淡淡地說：「不好意思，過了這個村，就沒那個店了……」

每個孩子需要的轉骨配方不同

有些熱心的婆婆媽媽們，一看到左鄰右舍的小孩差不多進入青春期，就會馬上提供別人或自己珍藏已久的轉骨方。當然，也有媽媽會到處打聽，看看有沒有大家用過都說好的轉骨方，期望自己的小孩也能一帖見效！

如果轉骨方可以大家共用，那中醫師還有存在價值嗎？你家小孩的體質跟別人家小孩的體質有一樣嗎？不曉得大家有沒有想過，轉骨的用意是什麼？

轉骨是為青春期的孩子做的「特別處置」，幫孩子補強「不足之處」，讓他們在青春期時可以好好的發育。每個孩子的身體狀況都不一樣，需要的轉骨方也不相同，也有些可能根本就不需要。

例如，缺少運動的孩子，經絡及血路會不夠通暢，我們可以給他們活血行氣的藥材；愛減肥的小女生，在青春期時可能會節食、不碰蛋白質，將來可能會為逝去的膠原蛋白而懊悔。像這種情況，我可能會偷偷加一點阿膠，它不但是婦科聖品，還能補充熟女們才知道有多珍貴的膠原蛋白。

如果大家都不看體質，而選用同一帖轉骨方，胡亂補的結果不但達不到效果，還可能因補過頭出現長痘子或上火的情況！所以，雖然大家都很希望小孩可以順利轉骨，最好長得像模特兒一樣那麼高，但還是請專業的中醫師幫忙判斷一下該吃些什麼，而不是自行服用大家口耳相傳的轉骨方。

中醫爸爸這樣做！

轉骨湯加豬尾椎一起煮

煮轉骨方的時候，我通常會建議丟個豬尾椎下去一起煮，這是因為脊椎有二十四椎，正對二十四節氣，以形補形，以氣補氣，自然要用尾椎來補一下啦！

那轉骨肉湯最好什麼時候吃，效果最好？我認為是早餐後和睡覺前三十分鐘到一小時之間最好。早餐後是隨著白天氣血的運轉，達到孩子最需要的地方；睡覺時，則可以修復和建構身體新的組織。

想要長高？營養、運動及睡眠缺一不可

想要長高，不外乎做到三點：營養、運動及充足的睡眠！你一定會問：「醫師，你這說的跟西醫有什麼不一樣！」真的，還真的一樣。長高的祕訣就是這麼「普通」，中醫真的拿不出什麼中藥，可以讓缺乏這三者的人長高！（遇到強求處方的爸媽，我都會忍不住哀號：「施主，您需要的不是中藥而是神藥啊」）

◎營養方面

所以，我常建議希望小孩長高的爸媽，讓孩子「多吃肉」，但是每次建議完，爸媽也一定會問：「什麼？不是要多補充鈣質嗎？」

不是喔！要長高是要補充蛋白質喔！而且是動物性蛋白質，尤其是肉最好！因為肉裡面不但有蛋白質，還有豐富的各種必需元素，例如：鐵、鈣。如果不行，就退而求其次，像是豆類、堅果類也可以。

那大概要吃多少呢？我覺得一天的攝取量，差不多是小孩的體重公斤數乘以一

點五到二克的克數。例如：我兒子現在是十六公斤，因此一天蛋白質攝取量應該要有二十四到三十二克左右。

媽媽們可能會擔心吃這麼多肉，會不會造成小孩其他的問題？我覺得只要有充足的運動就不用擔心，因為多餘的營養物質會被身體拿去作適當的利用。啊！但是講到運動，又說到各位爸媽的痛了！我最常在診間遇到的狀況，就是小孩的運動只有學校少少的那一點時間，其他的運動通通都只有動到手指滑手機或玩電動之類。這樣怎麼會長高呢？

◎運動方面

手指運動是不會長高的，能幫助孩子長高的運動，大多是全身性的。例如：走路、慢跑、游泳、騎單車、有氧舞蹈這類。至於著重於訓練單側的運動，例如：羽毛球、網球這類，建議等孩子長大，肌肉骨架穩定後再來訓練，以避免骨架歪斜、脊椎側彎的可能性。

不過要記得，運動應該是讓孩子開心、興高采烈的去做，而不是強迫他非學習什麼不可。中醫說肝腎同源，腎是幫助孩子長高的關鍵，但如果肝也能顧好，當然事半功倍。「肝主疏泄、喜條達」，意思就是跟情緒抒發有關，孩子「開心的運動」才是重點，如果再搭配吃好、睡好，不想長高都很難吧！

◎睡眠方面

總的來說，害孩子長不高的罪魁禍首，就是睡覺的問題。每次我說一定要讓孩子睡飽，媽媽們總會露出為難的表情，異口同聲的說：「這也太難了吧！」

如果我說睡飽的定義是讓孩子「睡到自然醒」，一定更多人會直接罵我：「你在說什麼天方夜譚？」確實，我認為最好的睡眠狀況，是太陽下山後二至三小時入睡，只要睡到原本需求的量，隔天當然會自然醒。

不過，現代升學主義掛帥，太陽下山三小時？小孩可能才剛從安親班下課呢！回家洗個澡、吃個宵夜，再溫習一下功課，差不多都快十一、二點了，這種不正常的生活作息，又怎麼可能長高、長壯呢？人生就是取捨！奉勸各位父母，在學業上的要求放鬆一點，換來孩子強建的身體，絕對會比拼一、兩次考試來得划算。

孩子性早熟，會長不高？

環境加上飲食習慣的改變，讓現代許多小孩面臨性早熟的狀況，造成家長們的恐慌。

「醫師，我可以問個問題嗎？我家妹妹月經來了？正常嗎？她才十一歲？」

「十一歲？有點早！不過勉強可以接受啦！」

「聽說他們班上還有人八歲就來了！」

「這麼早？」

「醫師，你也覺得太早了，對不對？」

「嗯，真的太早了！」（我繼續裝出很鎮定的樣子。）

現今性早熟的案例很多

性早熟，在現今社會是件很麻煩的事。

《黃帝內經》的《素問・上古天真論》：「女子二七而天癸至，任脈通，太沖脈盛，月事以時下，故有子……」這段話就是《內經》對月經的記載，二七表示十四歲，意思是指小女生大概都是十四歲時月經會來。所以中醫鐵粉們都覺得小女生應該是十四歲才會月經來。

不過根據我看到的一些文獻和臨床的觀察，女孩來月經的時間，會因為地區、種族、氣候等影響，而有相當大的個別差異。一般來說，前後三歲是可以接受的範圍，也就是十一到十四歲來初經是比較普遍的。

也許是環境，加上飲食等許許多多的問題，目前性早熟的狀況比以前多，而女生的比例又比男生多很多。一定有很多爸爸媽媽很煩惱，萬一性早熟怎麼辦？目前主流醫學是採用激素療法來延緩性早熟的發生，假若不想利用激素來治療，中醫有沒有辦法呢？

關於這點，我比較傾向還是要回到辨證論治，並以導而行之的觀點切入，而不是遏止它的到來。可是一定還是有緊張的媽媽會問：「這樣有效嗎？我的重點是不要讓女兒的好朋友那麼早來耶！」

預防還是最好的治療

雖然很不願意開誠布公，但真實狀況是——我的病例案件中沒有成功過。不過（在成堆的）文獻中，曾見過有前輩將孩子的月經推遲數年，而且在這段期間，孩子的所有激素也回到正常值。但實際我見過成功的案例真的一個都沒有。

所以在這裡只能告訴大家，預防還是最好的治療！避免讓孩子食用太多雞皮、動物內臟、速食和油炸類烹調的食物，就可以減少一部分環境的影響。

最後，還是回答一個很多媽媽爸爸都很關心的問題：「小女生月經來以後，是不是就不會長高了？」

主流醫學的說法，雌激素會加速生長板的癒合，因此性早熟的孩子身高會受影響。不過看到這裡也別太氣餒，前一章就有說過，現在的營養充足，女孩的月經就算來了，月經所損耗的養分，也很容易從食物中補足。在臨床上，我曾看過一個案例，明明孩子小學四年級月經就來了，但身高還是往上衝，一直長到覺得太高的狀況。所以大家還是要謹記：營養、飲食與運動對長高的重要性。

嚴重影響孩子生長發育的小兒厭食

俗話說：「人是鐵、飯是鋼」，小孩長期食慾不振，除了妨礙身體發育之外，也可能影響身心健康。

「醫師，我家姐姐不喜歡吃飯，你看看臉蛋這麼小一個，體重跟弟弟差不多，連身高都快比妹妹矮了……」我看了看這個小姐姐，差不多五歲，神色有些緊張。

「醫師，可以幫我們家姐姐開個脾嗎？開脾是不是能讓她食慾好一點？」

「可以啊！讓姐姐多一點食慾，才會長高長胖，不要再走紙片人路線了。」

看完診，開了藥，我請這位小孩先出去跟助理拿個小糖果吃，把媽媽留下來談了一會兒。

從剛剛進來掛號開始，我發現這個媽媽開口閉口就是：「快點進來」、「快點，輪到你了」、「醫師問你話，快說啊」。可以想像，孩子在家裡想必吃飯也會被催趕、作功課也會被催趕，天天被說快一點，壓力也太大了，怎麼開得了脾啊！

（ㄟㄟ，我好像住海邊、又管太遠了）

導致孩子食慾不佳的原因眾多

古時候中醫有各種醫學名詞來描述小孩不吃飯，因而影響正常生長發育的各種病症，像是「疳積」、「穀癥」、「哺露」、「丁奚」、「小兒厭食」、「小兒積滯」、「小兒疳症」等。這些問題很嚴重，所以古人特地把「疳症」列為兒科麻、痘、驚、疳四大要症之一。

但現今小孩食慾不佳，原因就多了。例如：偏食、吃東西時間不固定、吃過多的零食，或服用過多不易消化的高營養食物等。我還發現有些爸媽因為過度害怕加工食品，不願意讓孩子吃太多東西。還有一種也不少見，就是小孩生活中出現許多壓力，導致孩子從精神上產生厭食。

中醫認為小孩「脾常不足」，意思是說小孩的脾胃功能原本就比大人容易受損。此外，很多孩子的飲食不能自調，經常只吃自己喜歡的食物，遇到愛吃的東西，易吃到過飽而不懂得控制分量。長期飲食不良，腸胃受傷，當然容易導致中醫所說的「脾失健運、胃不思納」的厭食症狀。

在我們看來，如果小孩生長曲線不能達到百分之三十五以上（也就是孩子比較矮小，而且原因不是出在家族基因問題）、臉色不佳，就會建議須注意生活起居、飲食作息，或諮詢您信任的家庭醫師或中醫師來調理。

預防小兒厭食症，爸媽可以這樣做！

◎周歲前喝母乳

如果可以的話，周歲以前的孩子，我都會建議媽媽給寶寶喝母乳，因為母乳對寶寶來說是比較好消化的食物。喝配方奶的小孩，如果常常吐奶塊、大便常出現未消化的白色乳塊、每次喝奶量很少，然後一、二個小時就要餵一次等狀況，我也會建議媽媽尋找健康的母乳，連續餵食三天到一週，或是給信任的中醫師調理開藥。

如果是二、三歲以上的小孩，建議參考台灣民間用鹹橄欖煮雞湯開脾的方式，就算沒有效果，也不會有任何副作用，可以安心讓孩子嘗試看看。

食療

鹹橄欖煮雞湯

材料

鹹橄欖一顆，雞肉（或梅花瘦豬肉）少許。

作法

①鹹橄欖用清水稍微沖洗一下，接著去核、切成小片狀。

②雞肉切成小塊狀。

③把水煮滾，將肉塊放入滾水中汆燙，稍微燙到變色就可撈起。

④把切好、去核的橄欖，和燙好的肉塊放入鍋中，加入約六百至八百CC的水。然後送入電鍋，外鍋加入六杯水，蓋上鍋蓋，按下開關，燉煮至開關跳起，即可食用。

提醒

・鹹橄欖可以到中藥店買，價格不貴，一次煮一顆就好。

・肉類的量少許（如果具體一點說明，份量不用太多，約巴掌大即可）。

水果可能造成孩子偏食和食慾不振

當然，小兒厭食也有可能是其他生理因素的影響，例如：慢性胃炎的孩子，稍微吃了一點就會不舒服。最常見的是吃過多的零食和糖果，甚至吃太多水果都會造成孩子的偏食和食慾不振。

「什麼？水果不是最健康的嗎？為什麼也會造成孩子偏食和食慾不振？」台灣的農改技術獨步全球，所有的水果經過品種改良後，變得又香又甜，跟糖果沒什麼兩樣，加上水果多屬寒性的食物。過量的寒性食物，造成孩子脾失健運及胃失納運的狀況，也就不意外了。如果你真的要給孩子吃點零食，不妨提供這類的中藥小零食，作法如下：

食療

肥兒八珍糕

材料

黨參三十克，白朮三十克，茯苓五十克，薏苡仁五十至一百克，蓮子肉五十克，芡實五十克，山藥五十克，白扁豆三十克，白米和糯米各二百克。

作法

①將上述材料研成粉末。
②加入適量的水，且加少量的白糖，揉成麵糰。
③放進電鍋裡蒸，蒸熟後切成糕。
④烘乾，以便於存放。

提醒

可直接把藥末按照比例放在水中熬成糊狀，然後喝下。每次大約十克。

心理和情緒導致的小兒厭食

巴特（人生最可怕的就是這個巴特），說了這麼多，因為現今物資豐富、取得容易，小孩胃口不佳的問題，大多是心理和情緒因素造成的。例如：小孩吃飯時，媽媽為了趕快收拾餐桌，可以忙自己的事，情緒失控的對孩子反覆說：「快點！快點！」有些則是吃飯時配3C產品，讓孩子無法體會食物的滋味。甚至平時生活壓力過大，例如：考試、學習等，都可能造成孩子食慾不振。

在這裡要提醒大家，孩子最佳的醫師是爸媽，唯有爸媽多注意孩子的心理和生理狀況，幫助孩子管理生活習慣和飲食條件，才是最好的治療。

不愛走路、懶散無力，可能是肌張力不足？

孩子像蟲一樣不愛走路，總是能坐就不站，且經常有氣無力。如果有這樣情況，先別責怪他們懶散，趕快檢查看看是否有肌張力不足的問題。

前些日子跟大學同學閒聊時，才知道他的孩子有輕微肌張力不足的問題。他問我：「中醫可以治療這個嗎？」

早在隋朝巢元方的《諸病源候論》就有記載：「數歲不能行」、「四五歲不能語」的類似症候，後世更歸類為「五遲五軟」。五遲是立遲、行遲、髮遲、齒遲、語遲，而五軟則是頭項軟、口軟、手軟、足軟、肌肉軟。當然，因為時代背景變遷，醫學認知方向不同，所以病名不能完全套用。況且中醫這些病名所包含的範圍太大，我們還是只單論西醫病名，來討論小孩肌肉張力低下的部分。

西醫談肌張力不足

西醫談到小孩肌肉張力低下的特徵是：

①小孩常容易覺得累（即使在喜歡的遊戲上）。
②走路都拖著地走。
③總是駝背。
④喜歡躺著或趴著。
⑤席地而坐時不喜歡盤腿，會用雙手撐著地板，兩腿前伸等懶散坐姿。
⑥嬰兒期時，爬行手無法完全撐起來。
⑦走路時腳板往內側（功能性扁平足）。

症狀族繁不及備載……這個病除了先天因素之外，還有藥物損傷、生產過程受傷、早產、病理性胎黃等原因。西醫解釋起來一堆名詞，中醫就只有「先天不足，後天失調」八個字。

小孩肌張力過高也有問題？

肌張力既然有過低，當然也有過高的問題。先讓我們討論一下所謂的肌肉張力。肌肉張力是讓身體維持各種靜止姿勢，和正常運動的基礎。例如：躺下不動時，身體各部肌肉還是有一定的張力。站或坐著時，身體肌肉也要保持一定張力，以保持姿勢的穩定。運動過程中的肌肉張力，可以保證肌肉運動連續、滑順，不會顫抖、抽搐。

小孩肌肉張力不足明顯表徵就是沒力、虛弱。而肌張力過高，則會出現其他狀況，例如：局部姿勢的異常、動作生硬、容易受到驚嚇等。

肌張力的發育過程來看，新生兒時期肌張力和成人或較大的孩子比起來會較高，但隨年齡增長便會逐漸減低，轉變為正常。所以，小孩出現肌張力高，首先應考慮是不是屬於正常徵象，待小兒逐漸長大、神經系統發育完全，就會逐漸消失。

肌張力的問題從何而來？

如果小孩有局部肌張力不全的現象，可以朝兩個方向來討論，一個是後天運動系統傷害造成，這個情況只要找出是那塊肌肉有張力不正常的現象，施以針灸，按摩，並且搭配內服中藥，癒後多半良好，如果是神經系統或遺傳型的疾病，治療上就麻煩很多，但是並非無法矯正。

臨床上常見的小孩肌張力過高，多半是因為產傷或黃疸導致腦部損傷。如果是全身性的問題，爸爸媽媽其實不需太過擔心，因為輕微的肌張力過高真的很容易誤診，小孩在不熟悉的環境，被不熟悉的醫師診療，大多會因緊張導致肌張力過高。

腦損傷導致肌張力過高的小孩，雖然大多不如中醫典籍裡所描述的「五硬❶」那麼嚴重，除了辯證論治及按時服藥外，尚須配合外治法，例如：按摩針灸等，最重要還是父母親的愛心和耐心。

三至八歲是黃金復健期

肌肉張力不足的孩子，三至八歲是黃金復健期，除了配合西醫的復健，中醫的針灸、推拿、藥物都可以有明顯的幫助。

◎穴道按摩

說到推拿，我又要不厭其煩的強調，爸媽才是這類孩子最好的醫師。按摩這種事情，讓醫師這種陌生外加穿白袍的人來做，孩子應該會緊張得沒病都快要生病吧？唯有爸媽是孩子最親近、最感到安心的人，可以每天幫孩子做一次全身性的按摩、捏脊。而肌張力有狀況的孩子除了脊椎需要按摩，還要著重肩、肘、腕、髖、膝、踝等大關節上下周圍穴道的按摩。

◎多運動、唱唱跳跳

除了按摩、注意營養的攝取，爸媽最重要的還是要多陪孩子玩耍、曬太陽和多做些運動來鍛鍊肌力。例如：騎腳踏車、溜滑梯等有速度感的運動，可以刺激大腦，進而影響肌肉發展。而一些大肢體運動，像是唱唱跳跳等，也有助於肌肉張力正常。

我們家那兩個小惡魔每天清醒的時候，我都覺得小孩怎麼這麼多電，放都放不完，累死人了。當孩子睡著時，看著他們天使般的小臉，我又很感謝上天讓這兩個孩子擁有惡魔般、可以摧殘爸媽的活力。

❶五硬：手硬、腳硬、腰硬、肉硬、頸硬。仰頭取氣，難以動搖，氣壅疼痛連及胸膈，手心足心冰冷而硬，名曰五硬。

孩子睡不好會影響發育，不能掉以輕心！

生長激素分泌最旺盛的時間是晚上十點到十二點，如果這個時間睡不好、睡不熟，就會影響小孩生長發育，因此對於睡眠問題，千萬不要掉以輕心。

造成孩子睡不好的人為因素

造成小孩睡不好的原因很多，例如鼻子過敏造成鼻塞，導致睡眠品質欠佳。但其他的原因……大概通通都是所謂的「人為因素」，例如孩子與爸媽同床共眠，大人隨便翻一下身，就會影響到孩子睡眠。有些媽媽喜歡抱著孩子睡，以為這樣會讓他（她）睡得更安心，結果反而成了睡不好的主因。或是爸媽以為小孩熟睡了，就在客廳看電視、走來走去，也會干擾孩子睡覺。如果小孩習慣奶睡或半夜起來討奶，也會讓大人及小孩雙雙睡眠不足。

營養不良、飲食未控制也是原因之一

另外，很多爸媽都忽略了，營養不良也會造成小孩睡不好，像是鈣質攝取不足，神經系統較不穩定，晚上睡覺可能會出現抽搐不安等狀況。

藥方

改善睡眠的乾薑、艾草熱敷法

材料 乾薑十克，艾草十克，紗布袋一個。

作法 將乾薑和艾草放進紗布袋裡，用暖暖包加熱，敷在小孩的腹部。

提醒 可以改善因脾胃虛寒而睡眠不佳的問題。

有些小孩睡覺時會磨牙，家長第一個反應通常是「孩子是不是心理壓力過大」？但其實只要飲食不控制，晚餐吃得太飽會造成腸胃積熱，睡眠情況就很容易不安穩。

要改善小孩的睡眠狀況，當然要針對孩子本身遇到的問題來加以改善，像是跟大人分房或分床睡、飲食多吃紅肉來攝取鈣質，或把燈光調暗一些等。一點點熱敷或是推拿，也會很有幫助。

便祕不只是常見兒童病，還會影響身高？

便祕已經逐漸成為普遍的兒童病，但你知道小孩常便祕，可能會影響身高嗎？中醫改善小孩便祕的方法有哪些呢？

不知道家裡有嬰幼兒的家長，有沒有注意到包尿布的小朋友什麼時候最常大便？有吧？都是吃飽飯、喝完奶的時候吧？

我們的腸胃就像一根兩端開口的管子，這頭塞東西進去，那頭就會擠東西出來，如果你那頭不通，這頭又硬塞，就會滿出來。這麼簡單的道理，主流醫學有一個很複雜的解釋，叫做胃直腸反射。

簡單的說，就是吃東西以後，胃知道有東西進來了，會發一個訊息跟直腸說：

那個誰，你要蠕動一下，把過期的東西丟掉，我們有新貨進來了，再不丟東西會滿出來。然後，直腸收到訊息，就會動一下讓糞便排出去。

這種反射在頭腦簡單的動物上表現都比較明顯，在情感豐富的動物身上，會因為雜訊太多，造成直腸沒收到或收錯訊息而產生異常，也就是我們常常聽到的便祕或腸躁症。以前的時代大家比較怕孩子拉肚子，現在呢！便祕的小孩竟然也不少！

便祕，影響身高三要素

影響小孩身高的原因不只有睡眠、營養、運動，如果孩子有便祕的問題，可能也會影響生長發育。原因在於便祕會導致食慾不振，營養吸收跟著變差。此外，便祕會讓小孩心情煩躁，當然也就無法睡得好、睡得沉。

所以，千萬別小看便祕，決定身高三要素（睡眠、營養、運動），便祕就影響了三項。若小孩不是因為先天問題（如巨結腸症）造成便祕，而是後天影響，通常多是飲食不當所引起的，像是愛吃速食、不碰高纖蔬菜、不愛喝水、運動量不足等。當然，情緒、壓力問題，也很常造成小孩便祕。很多人帶孩子來看醫生，都是因為小孩長時間不大便（如果一個星期不排便，你想想孩子肚子裡面裝得都是些……）。

改善小兒便祕的方法

要改善小孩便祕，建議多讓孩子們吃「原形食物」，少碰加工食品。針對不愛吃蔬菜的孩子，則是先從一餐一份水果（孩子的一個拳頭大）做起。讓小孩多運動，也是解決便祕問題很重要的因素。說起來，吃青菜、多運動，都是老生常談、連爸媽都聽到耳朵快長繭的建議。

所以除了這種常規辦法，爸媽也可以用小兒按摩術來改善孩子的便祕，例如可以多做「雙清腸」「清胃經」及「順運八卦」（請詳見P.210）。此外，「下推七節骨」（請詳見P.213），對於擺脫便祕的效果也不錯。

另外，如果孩子天生壯實、臉泛紅光，外表和個性宛如胖虎一般，大便又不易解，顆粒狀，肚子發熱又疼痛不讓人按，多半是腸胃實熱型的便祕。那爸媽可以幫孩子用大黃粉貼肚臍。（爸媽應該都知道胖虎是誰吧？就是技安啊！如果這兩個人名都不知道，不要私訊我，請問G大神唷！謝謝）

藥方

大黃粉貼肚臍

材料

大黃粉三克，水適量。

作法

①大黃粉加入水調成泥狀。
②塞進孩子的肚臍裡，等乾了再拿下來即可。

提醒

大黃具有清熱解毒的功效，對於治療腸胃實熱型的便祕很有效。

○中醫生活百科

水藥一定比較好？

看中醫時，常會面臨「吃健保給付的科學中藥有效嗎？換吃自費的水藥會不會好得比較快？」的抉擇。

真要說的話，我認為中藥效果好不好，關鍵不在於是科學中藥還是水藥，而是中醫師會不會開藥。如果中醫師藥開的好，小孩吃科學中藥的劑量已經算足夠，不一定要吃到水藥。（這點真是太重要了！劑量當然是問題，但是除了劑量以外，更重要的是有沒有開對藥啊！）

有些醫師很喜歡開方劑，把方劑當成單味藥在用，開出來的藥方可能是五、六個湯方組成，沒有單味的藥。據我所知，有些醫師這樣開藥，治療效果也不錯。所以，重點是療效，而不是開藥的形式。

中藥有沒有效，還牽涉到「地道藥材」的問題。什麼是地道藥材？曾經到中藥行買藥的人，一定碰過類似的狀況，老闆可能會問你：「要不要用好一點的藥？」例如同樣是丹參，好的跟普通的，價格可能差上好幾倍。

傳統中藥材除了講求特定的品種，還需特定的產區，例如中國浙江的藥材非常豐富，其中「浙八味」是最有名的，也就是浙貝母、白朮、延胡索、玄參、杭白芍、杭白菊、浙麥冬、溫鬱金。植物長在不同的環境，氣候不同，水質也不一樣，種出來的藥材、效用也不會完全相同。

以前唸書時，我們讀過「橘生淮南則為橘，生於淮北則為枳，葉徒相似，其實味不同」，這句話最適合用來解釋地道藥材的情況。以中藥來說，同樣是貝母，川貝跟浙貝藥效就有所差異，川貝以潤肺為主，化痰、散結的功效不強，而浙貝則以化痰效果好著稱。再舉個例子，「兒科之聖」錢乙愛用的地黃，自古就是以河南焦作市（古稱懷慶府）聞名，而「懷慶地黃」也代表效果特別好。因此，同樣一味藥，是不是地道藥材，當然也關係著它的效果跟價錢。

除了地道藥材之味，中藥還講究幾年生、存放多久等細節，例如同樣是以橘子皮為材料，根據採收季節及擺放的時間，又分為陳皮、青皮及橘紅皮，功效和治療的疾病也有些許差異。話說回來，到底是不是「貴森森」的水藥才是好？其實，我診所很少開水藥，我始終認為只要醫師開藥的技術夠好，科學中藥也能達到很好的效果。雖說有些情況水藥療效確實比較好，但除非必要，否則我也不希望加重爸爸媽媽的經濟負擔。

Part 4

孩子哪裡有問題？令人霧傻傻的小兒病痛

小寶寶身上又紅又癢的疹子，是因為胎毒？

小嬰兒身上出現疹子或皮膚發紅、發熱，老一輩的人就會堅持要清除胎毒。胎毒究竟是什麼？又是怎麼造成的呢？

「醫師，我婆婆說要給小孩清胎毒，他拿了黃連粉硬灌我的小孩，這樣可以嗎？黃連很苦耶！小孩吃了不知道會不會怎麼樣？」

「醫師，我媳婦年輕不懂事啦，你們中醫不是都說要清胎毒嗎？」

育兒觀念總像婆媳大戰一樣，各有各的主張，阿嬤堅持要清胎毒沒有錯，但是一錢黃連會不會太多了呢？如果全部吃掉，像我這種有胃寒問題的人，光想到胃就痛了！阿嬤，你這樣會讓孩子要更常來診所刷健保卡耶！

再來看一下這位媽媽，你的小孩皮膚已經長滿疹子，而且還有新生兒黃疸，阿嬤會緊張也不是沒道理。給小孩穿那麼多衣服，就算是大人，也會悶出皮膚病來啊。（雖然這些都是我的心聲，但我還真不敢直接在診間說出來……還是其實我該說？）

「胎毒」是什麼？

醫療革命之前，產婦和初生兒的死亡率都相當高，不過拜現代醫療高速發展所賜，現在產婦和新生兒的死亡率都已經降到了極低的狀況。例如：以前造成新生兒死亡率極高的「臍瘡」、「臍風」，現代幾乎都不再發生了。臍瘡、臍風，是因剪斷臍帶時的消毒不完全，導致感染或破傷風。雖說南宋就有中醫師提到斷臍時要消毒完全，但因為當時資訊不普及，臍風還是奪去很多新生兒的性命。不過現代醫療發達，已經鮮少聽到有這些狀況了。

即使如此，現代醫療還是有力猶未逮的時候，有時只能等待時間的治癒，或者依靠老祖宗的智慧來治療一些主流醫學無法處理的疾病。

那前面引起這對婆媳爭執的「胎毒」，究竟是什麼東西呢？一般來說，胎毒是泛指新生兒皮膚上不正常的症狀，例如：發紅疹、長爛瘡、長痘子或皮膚增生紅腫。比較嚴重的也可能會有黃疸、身面俱紅或唇舌紫赤等現象。

想要避免胎毒，媽媽在生產前要注意飲食及生活習慣，不要吃太多重口味的食物。孕期也可以吃些仙草、綠豆之類的去去「胎火」，因為胎火就是懷孕的媽媽出現上火的狀況啊！

所以，懷孕的媽媽們，請務必要把這七字箴言記在心裡：「吃好，睡好，大便好」。

吃好睡好大家都可以理解，那為什麼要大便好呢？因為小孩住在子宮裡，隔壁就是住著大便的大腸。如果是你，天天住在舊式糞坑旁，你心情應該不會好吧？心情不好，身體會好嗎？

所以，孕期讓排便正常是很重要的，畢竟媽媽跟孩子共用一個身體，如果糞便長時間留在體內，會導致身體不正常的發炎現象，對孩子和媽媽當然不好。

清胎毒，你可以這樣做！

有些媽媽看到上面那段，可能已經快要爆氣：「醫師，我的小孩都生出來了，還去什麼胎火？現在重點是清胎毒好不好！」

不要這樣嘛！賴醫師知道各位媽媽火氣大，所以如果是還在餵母乳的媽媽，建議吃東西的口味不要太重，可以喝些仙草、綠豆、愛玉，讓小孩從母奶中吸收，也能收到清胎毒的功效。當然，如果媽媽們要吃些中藥也行，這個就請找你的中醫師諮詢了。

假如小孩就是已經有發紅疹或是出現各種胎毒狀況了，我們可以利用幾味常見的中藥，運用在小孩清口腔或洗澡的時候，舒緩孩子皮膚上的問題。但不得不提醒爸媽們，一定要注意孩子所處環境是否過熱？衣物穿著是否過厚？因為小孩汗腺不發達，一旦過熱，很容易誘發皮膚病。如果又誤以為是胎毒，那就尷尬了。

藥方一

清胎毒拭口水

藥材

金銀花、野菊花、生甘草各三克。

作法

①藥材加三百毫升沸水，煎煮五至十分鐘。

②用棉布沾茶飲，擦拭小孩的口腔；也可少量給小孩吮吸（三至五毫升）。

使用頻率

一日一次，連續使用三日。

藥方二

金銀洗澡水

藥材

金銀花、忍冬、黃連、荊芥、綿茵陳各三克。

作法

先備妥一盆滾水，所有藥材放入滾水中，靜待數分鐘，等熱水自然冷卻，藥性釋出後（約平時洗澡的溫度），再拿來幫孩子洗澡即可。

使用頻率

一週三次。

※請小心不要讓孩子燙傷了。

我家小孩好難帶，晚上總是哭不停？

小孩夜裡哭個不停是最折磨人的事，有時候奶也餵了，尿布也換了，但孩子的哭聲還是沒斷過！家有夜啼兒，該怎麼辦呢？

「啊～哇～哇～咦～咦～」

咦？！我怎麼又從床上跳起來了！原來是兒子又哭了！

一邊餵奶哄睡，一邊安慰自己：「他已經很好了，一晚只起來兩次……那個誰誰誰的小孩，一晚要起來四次，兩小時哭一次。那個誰誰誰的小孩，要抱著睡，一放就哭。那個誰誰誰的小孩，都固定時間哭，抱也沒用。比較起來，我家的小孩真是來報恩的啊！」

小兒夜啼，催人魂啊

只是小孩晚上哭，真是催人魂啊！如果只是要喝奶還好，如果不是，又找不出原因，真的很令人崩潰。

有的爸媽說，我們是「百歲派」，放給他哭，哭到累了就會睡了！聽到這裡，我總是心頭一驚：你們都不先搞清楚小孩哭的原因嗎？萬一他是腸絞痛、中耳炎或疝氣，該怎麼辦？或者，他可能只是肚子餓了呢？

而且，近年來歐美追蹤用百歲派教養的孩子，發現如果分寸沒拿捏好，小孩可能會「畫虎不成反類犬」，反而在性格上出現障礙和缺陷。所以，現在歐美又回頭提倡起「親密派」了。

很多人問我：「醫師，那你是什麼派？」其實，我是「抓狂派」，就是孩子一哭，就會抓狂的那種爸爸。

老一輩的會說小孩晚上哭，是被嚇到，要去收驚。我跟大家保證：「有，有這回事，而且找到好的收驚師傅，一收就好，永不再發；或是給某某神明作養子，也是立馬好。」

巴特——賴醫師最怕的巴特又來了——巴特這種要收驚的夜啼，可能占所有夜啼的不到百分之一吧！小孩如果不是被嚇到，抓去收驚八成沒什麼效。或者，好個兩天，很快又再犯。當然，還有越收越糟的……

或者，很多家長都有這樣的經驗，帶去看小兒科，醫師說：「大概是腸絞痛，吃點腸胃藥吧！」的確，如果小孩真的是腸絞痛，吃藥真的會有效，但腸絞痛吃中藥也有效，如果是西醫也找不出病因，那不妨讓中醫師試試看吧！

中醫對證下藥，治療夜啼超有效

小孩晚上哭，中醫稱為「夜啼」或「驚啼」，且可以針對證型來下藥，效果一般還不錯。小孩不明原因的哭泣，是指晚上哭個不停，或一下哭、一下不哭，也可能每天晚上像報時器一樣，時間一到就哭個不停。

夜啼的原因有很多，如果不是有經驗的中醫師，加上細心觀察的爸媽，真的很難一次就奏效。

在這裡提供三個簡單的觀察和治療方向給爸媽們參考：

觀察1 哭聲不大且手腳冰冷

◎觀察：晚上哭聲不大，喜歡人家抱，平常手腳冰冷。

◎治療方向：這種情況多半是身體虛寒，用些暖脾胃的中藥就會好。

觀察2 抓狂式哭法、眼嘴紅又亮

◎觀察：晚上哭聲大，一副就是在抓狂，且越抱越抓狂。此外，孩子的小便很臭，眼白或唇色又紅，甚至眼角有點膿。

◎治療方向：這種情況可以用洩心火的中藥，好的速度比第一種更明顯。治療此證型的方法很簡單，家裡如果有純金的金飾，再到藥房買點燈心草。兩個一起煮個十五分鐘，餵給孩子當水喝，大概就沒問題了。因為純金可以「鎮怯」，而燈心草可以安心神，對於小孩心火太旺的情況具有改善的作用。（當然，如果你的藥渣沒地方丟的話，我可以免費到府回收。）

觀察3 哭聲尖銳、表情恐懼

◎**觀察：**還有一種情況就真的需要收驚了。小孩的哭聲尖銳，表情恐懼，或哭啼不能張開眼，一整個就是做惡夢叫不醒的狀況，同時印堂處有青青白白的樣子。

◎**治療方向：**萬一找不到厲害的師傅收驚，該怎麼辦？沒關係，這個也可以吃中藥。吃一些安神定志的藥，多半也可以解決。我個人會因臨床判斷使用桂枝加龍骨牡蠣湯，或柴胡加龍骨牡蠣湯，症狀輕一點的用「濟生定志丸」也行——但拜託大家，聽賴醫師的，不要自己買藥來灌小孩，好嗎？

○中醫生活百科

我吃的中藥有重金屬嗎？

前面我們提到了用純金跟燈心草煮水，一定會有人提出質疑：「難道這樣不會吃到重金屬嗎？」中醫用金屬來治病，稱為「取其氣」，要解釋到這點，我還是先說兩個故事吧！

我以前很喜歡用一種藥，這種藥長得像蟑螂，看起來像蟑螂，聞起來像蟑螂，吃起來也像蟑螂，它治療骨折的效果相當好。因為這種昆蟲身體裡面很容易堆積像銅離子之類的重金屬，市面上不容易買到，而且連各大科學中藥廠都不敢做，害我在取得藥材上有很大的困難。（不要寫訊息來問我這味藥的藥名，我不會告訴你的唷！）

還有另一個中醫故事，也跟重金屬有關！

以前有一個人，抓到了一隻大雁，因為這隻大雁骨折了，所以飛不走，無法到南方過冬，所以這個好心人就收養牠了。

好心人用銅屑來養這隻大雁，沒多久，大雁的翅膀長好了，飛去找它的朋友。大家一定覺得很奇怪，為什麼這個人會拿銅屑給大雁吃呢？難道不怕它重金屬中毒嗎？

真相其實是這樣的。銅離子過量的確會造成中毒，但在適當的濃度下，可以促進骨折部位癒合的速度。

故事的重點就是：只要是適當的濃度，就算是重金屬，也是治病良藥。以前的年代確實需要某些奇怪的藥來治病，可是因為時代進步，用藥需配合法規，有些藥就算好用，也不能再用了。

結論是，若中藥由合格的中醫師調劑，請不要擔心重金屬的問題。因為中醫師會依你的狀況給藥，政府也有嚴格把關。中藥有重金屬的問題早就不存在了。

五歲以上仍尿床，務必就醫找出原因

明明已經戒尿布，但半夜卻又尿床，想改善小兒遺尿問題，最重要的是不責備孩子，而是趕快帶去給醫師看、找出尿床原因。

孩子尿床是正常生理現象，有些媽媽對戒尿布這事情非常緊張，再加上身邊有很多婆婆媽媽會時不時的來一句：「那個誰誰誰，一歲半就成功戒尿布了」、「你們還在用尿布喔？」搞得媽媽跟小孩對於尿尿大便都很焦慮。其實五歲以前小孩尿床，基本上都不需要太緊張。更何況有的孩子根本還達不到可以戒尿布的程度，硬要脫尿布，就只好尿床啊！

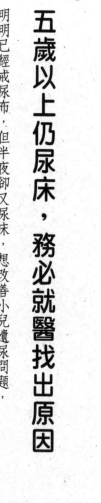

五歲以上的小兒遺尿，自癒率低

真正需要煩惱的，是「大童」的尿床問題。臨床上我遇過好幾個年紀很大，但還會尿床的小孩，五歲、七歲都有，甚至有國中孩子的案例。

中醫稱尿床為「小兒遺尿」，原因很複雜，牽涉的層面也很廣，有些是體質上的問題，有些是情緒壓力造成的，跟生活習慣也脫離不了關係。

老一輩的可能會說：「尿床又沒什麼，長大一點自然會好！」不過，還是要提醒爸媽，如果小孩五歲以上還會尿床，請一定要帶去給醫師檢查一下。因為根據臨床統計，五歲以上的小兒遺尿，自癒率只有百分之十五。

我剛當上中醫師時，曾遇過一位已經當完兵的男病患，每週還是會尿床三至五次。可想而知，尿床這個問題對他的生活及自尊心一定影響很大。

若小孩快五歲了還會尿床，建議晚上不要讓他喝太多湯湯水水，睡覺前一定要先去上廁所，把膀胱裡的水分排乾淨。此外，睡前要保持情緒平穩，不要讓小孩太興奮、「太嗨」。

責備無法改善尿床問題

早上發現小孩尿床了，也請先不要責備孩子，孩子尿床大多不是自願的，而且心理壓力更可能導致小兒遺尿反覆發作。我有個親戚的女兒尿床時，媽媽會把棉被跟小孩一起丟到門外，讓她在外面不斷哭鬧。這種作法，我個人覺得是犀利了些，但對改善尿床的情況還真是一點幫助也沒有。

有些爸媽太擔心孩子尿床問題，半夜會叫醒孩子，叫他去上廁所。要知道，人類睡覺時會分泌「抗利尿激素」，如果小孩的睡眠被打斷，抗利尿激素無法正常分泌，問題只會越來越嚴重。

依體質及壓力，治療小兒遺尿

造成尿床的二大主因是體質及壓力，體質問題比較麻煩、不好解決。

我有一名小病患，本身是早產兒，體型瘦瘦小小的，七歲了還會尿床。雖然他活力十足，但肌肉看起來不結實，毛髮比一般孩子稀疏，體質相對也比較虛。他的尿液看起來清清白白，針對上述症狀，我開了藥方治療，效果還不錯。

大家可能以為會尿床的小孩體質比較虛，其實不一定，我曾遇過長得高頭大馬，身材比一般孩子更壯實的男生，到了十二歲還在尿床。跟前面例子不同的是，這個男孩的尿非常的臭、黃、腥，且尿量比較少，體質比較熱，因此我開了另一藥方，服用幾次後倒也見效了。

至於因心理壓力造成的尿床，雖然可藉由中藥來改善，但如果壓力來源沒有消除，是不可能有治好的一天。

孩子頻頻出汗，身體哪裡有問題？

很多小孩睡覺時會出汗，汗多到把枕頭弄濕了！看到孩子頻頻出汗，爸媽難免擔心孩子身體是否有什麼狀況，不然為何這麼會流汗？

「醫師，我家兒子很會流汗……」媽媽說。

「真的很會流汗嗎？」我問。

「真的！醫師，你要相信我，我兒子真的很會流汗！」媽媽認真說。

「我相信你啊！」（說這句話的當下，我其實是懷疑的。）

「醫師，你是不是不相信我？」媽媽表情認真的問。

「沒有啊！」（我的表情又出賣我了嗎？）

在我極力將眼白翻回來的當下，這位媽媽又說話了：「我兒子流汗的程度之誇張，睡覺時會一直流汗，多到床都濕了，好像尿床一樣。」

「真的？假的？那你會醒過來嗎？」我驚訝問。

（坐在診療椅上的林小弟搖搖頭！）

接下來的診療，林小弟似乎沒有任何徵候，一直到腹診才有一點點腹直肌緊張的狀態。再追問下去，才知道林小弟清醒時，流汗跟一般人差不多，唯有睡覺時，才嚇人的多，而他本身完全不知情。

這種情況叫「盜汗」。

常有人搞不清楚什麼是盜汗？什麼是自汗？到診間時亂說一通。

回到林小弟的案例，我開了合適的藥方，服藥後，林小弟流汗的狀況第一天就改善很多，過幾天就不太流了。

如何分別自汗與盜汗？

其實中醫裡，光說「汗」這件事就可以寫好幾篇論文，網路上也很多中醫素人討論「汗」這件事。

我認為，陽氣蒸化體內津液，使其由玄府出於體表者，稱之為汗。

正常的汗可以維持體溫恆定、調和營衛、滋潤皮膚。異常的汗、病態的汗，可以幫助我們鑑別疾病的表裡寒熱虛實。除了林媽媽說的盜汗，還有自汗、戰汗、大汗、頭汗，都是我們所謂的病態汗。

那「自汗」與「盜汗」怎麼區分呢？

舉例來說，汗跑出身體外面，就像存摺裡的存款一樣，有兩種狀況會不見。一個是自己花掉，另一個是被人家偷走、搶走。

如果是自己花掉，合理的就沒關係，屬正常。如果花錢的速度像流水一樣，一下買這個、一下付房租、一下修水管，雖然說知道錢花到哪裡去了，可是花錢的速度完全不是自己所能控制的，這叫「自汗」。

如果錢是被偷走的，我們根本不知道或事後才知道的，這種就叫做「盜汗」。盜汗的小孩多半肺衛不固或氣陰兩虛，這類孩子很常有心悸、呼吸短促、疲倦、身體虛弱，體力不足、容易受風寒等症狀。

簡單整理一下，「自汗」就是「我醒著，我知道我在流汗，稍微活動一下流更多汗」。「盜汗」就是「我睡著了，我不知道我在流汗。等到醒了，才知道流了好多汗，我醒了，汗也慢慢停了」。

有媽媽很緊張的問：「我小孩是睡前流汗，一直流到睡著，睡著後沒多久就不流汗了，或是擦一擦就不流汗了。」媽媽別擔心啊！這是正常的！小孩在睡前的那一瞬間，本來就會流汗，加上如果有喝睡前奶的習慣，一定會流汗。隨著孩子睡著後，體溫逐漸降低，汗自然就不流了。

先確認室內溫度及流通性

如果孩子睡覺會一直流汗，且睡不安穩，一直翻來覆去。我建議媽媽們，先看看室內溫度會不會太高？空氣是不是不流通？

千萬不要因為孩子覺得熱（流汗），你就給她吃一堆水果或涼冷的東西。最後搞到小孩不流汗了，但出現其他問題。

所以，當你調整過臥室溫度後，孩子只有在睡著的那一瞬間（前後半小時）有些出汗，過了這一段時間後，孩子不再出汗，又睡得很好。恭喜你！你的孩子其實沒有盜汗的問題。

自汗也是一樣，當孩子在一個舒適的環境中，靜靜地坐著看佩佩豬或湯瑪士小火車，不應該會流汗。但如果他跟同伴跑來跑去，全身是汗，那就是正常的。

所以，各位「搞超凡」的爸媽，請不要對號入座，找個有耐心聽你說的中醫師，花點時間分析一下你孩子是否正常，可別再自己嚇自己囉！

別亂親孩子！容易導致幼兒生病的「親吻病」

可愛的小孩總是讓人忍不住想抱一抱、親一親，但大人一個不經意的動作，很可能造成小孩健康的重大危害。

不曉得大家有沒有看過前幾年的韓劇《來自星星的你》？劇裡的都教授只要一被女神全智賢親吻，就會發燒、昏睡、體力不支，甚至失去超能力。都教授這種情況，其實就是「親吻病」。你一定會說：「那是因為地球人跟外星人接吻才會這樣啦！」

但其實小孩被別人亂親也會出事喔！除了我們家那二個剛從外星來地球的小小孩，還有一些診所裡小病患，也都發生過親吻病呢！

親吻病最常發生在小孩身上

女兒大約三個月大時，我們把她帶去親子館，想說她在娃娃車上不吵也不鬧，應該無所謂。沒想到有位大姐看小孩很可愛，就把她抱起來逗弄，還趁我不注意時親了一口，而且是嘴對嘴的親。

當下我已經有點生氣，於是走了過去，大姐還自以為幽默的說：「哇~我奪走她的初吻了！」這實在太令人火大了，於是我用力將我女兒抱走，並且決定再也不來這裡了！

有些人可能不覺得這有多嚴重，但為什麼我會如此生氣？「親吻病」不是青少年熱吻後才會發生的疾病，最常見的反而是出現在小孩身上。因為小孩的抵抗力較差，而且身體尚未發展健全。

親吻病是EB病毒引起的「感染性單核白血球增生症」。事實上，不只EB病毒會引起親吻病，單純性疱疹、帶狀疱疹、玫瑰疹都跟親吻病有關，最常見的反應就是發燒、喉嚨病、食慾不振，嚴重者還會出現淋巴結腫大、身上起紅疹等情況。四個月以下的幼兒因為免疫系統發育還不完全，如果不小心被感染，可能會有肝臟腫大、肝功能異常，並有可能觸發白血病而造成死亡。

看到這裡，大家還會覺得我的反應太過激烈嗎？如果爸媽知道親吻可能造成問題的嚴重性，一定不會再讓陌生人隨便接近自己的小孩吧！

如何避免親吻病？

想要避免小孩感染親吻病，絕對要避免「嘴對嘴」的情況發生。老一輩的長者，可能有咀嚼食物後再餵食小孩的習慣，這種行為千萬要禁止。除了嘴以外，也要避免親吻小孩的小手，否則當孩子吃手手時，就會把大人的口水也一起吃進嘴裡，因此就算是小手再肥嫩、再可愛，也要忍住才行。

相同的道理，大人也不要把自己的手讓小孩吃，雖然你可能覺得自己的手很乾淨、很衛生，而且也沒有東摸西摸啊！但其實你可能已經在不自覺時，摸過臉頰、眼睛及嘴巴，這些動作都會沾染口水及分泌物，不知不覺中就把病毒傳給小孩。

○中醫生活百科

家庭常備的中藥方劑

我常在上課時會提到一些中藥方劑，有些媽媽會問，家裡是不是也可以準備一些中藥？

其實，中藥怎麼用、怎麼吃，最好經過中醫師的判斷，但有時狀況來得比較臨時，或只是輕微的小毛病，擺一些中藥在家裡以應付不時之需，也是不錯的方式。不過，還是建議大家，在準備這些中藥時，最好先請教過你信任的中醫師。

方劑或藥膏、藥粉	用途
葛根湯	脖子緊、吹到冷風、感冒。
荊防敗毒散	熱感（喉嚨痛、黃痰、口渴等症狀）。
五苓散	腹瀉（喝水就吐、加上拉出來都是水、不臭）。
五苓散＋阿膠	拉肚子、拉出血（腸黏膜出血）、沒有發燒、發炎等熱症。
葛芩連湯	吃麻辣鍋後拉肚子（排便完肛門有嚴重的灼熱感，肩膀僵硬）。
藿香正氣散	吃壞肚子（例如去泰國玩，水土不服）。
平胃散	食積（適合厚膩舌苔、不愛動、身型胖、愛吃）。
三黃粉	扭傷、撞傷時，加米酒敷。 燙傷、表皮有破損時，加水厚敷。

Part 5

跟著中醫爸爸養小孩，孩子少生病、超好帶！

常帶三分飢，小孩自然好養好帶！

現代父母照顧小孩無微不至，深怕寶貝挨餓或受寒，想要小孩健康的長大，反而不應過飽、過暖，避免嬌生慣養，才是最好的方式。

「醫師，要怎麼照顧小孩呢？坊間一大堆說法，又是排毒、又是排寒、又是喝粥，搞得作為爸媽的我們好亂啊！」

「喔！隨便養啊！不管你怎麼養，反正孩子都是會長大的……」

我們都希望小孩平安長大，然後學業不用煩惱，最好三聲帶，會中文、英語、韓語或其他隨便哪一種，然後、然後……一大堆自尋煩惱。最好是不要生小孩，就不會有這種煩惱（我怎麼又不小心說出自己的肺腑之言）。

過飽或過餓都會損傷脾胃

回到主題，先談到大家初為人父人母的第一個願望，就是希望「孩子健健康康的」。關於這點，自古以來擅長兒科的醫家都有個共識，就是「若要小兒安，常帶三分飢與寒。」

中醫認為「脾胃為後天之本」，過飽或過餓都會損傷脾胃。脾胃損傷，不是只有食慾不佳，還有過瘦及肥胖的問題。但偏偏帶小孩時，有一種餓，叫作「阿嬤覺得你餓」（阿公阿嬤真的都愛孫心切）。這種餓，很容易導致小孩的食積停滯，反而造成過瘦或過胖的問題。所以，小孩腸胃嬌嫩，我們更要注意不可以過量飲食，大概給孩子吃到七、八分飽就好了。什麼是過量飲食？什麼是七八分飽？這問題太難了，因為每位小孩的狀況都不一樣，這真的需要爸媽努力用心觀察。

小孩飲食常犯的兩大錯誤

我先提出兩點爸媽在帶小孩時，可能會犯的錯誤：

1 吃吃吃，吃個不停

早上先喝奶，接下來吃個小吐司或粥，九點半再吃點心或水果，十一點又接著吃午餐，吃完睡個午覺，然後一醒來下午兩三點再吃下午茶，一直吃餅乾、點心吃到了五六點又是晚餐時間，七八點再來點水果，八九點再來個睡前奶。一天就這樣在「吃」中度過了。當然，還不包括阿公阿嬤愛孫，偷偷塞的糖果、零食。

如果換成你，整天這樣吃，腸胃會不出問題嗎？血糖會不會超高？雖然說，孩子在快速成長，需要很多能量和物質，但是讓腸胃休息還是很重要的。不然，腸胃好的孩子養成過食的習慣，以後會容易變胖。腸胃不好的孩子，難免有食慾不振、食積等問題。

2 牛奶跟食物一起吃

還有一種是，先喝奶，再吃飯或副食品，或飯吃一點點，孩子不吃了，就給奶補一下。記得某本中醫兒科專書提到：「凡食後不可與乳，乳後不可與食，小兒脾胃怯弱，乳食並進，難於消化，初得成積，久則成癖成疳。」

要知道乳製品跑到胃裡面，遇到胃酸會變成一塊一塊的奶塊，如果這些奶混合了飯或副食品，就會變成了某種複合型的奶塊。比起單純的奶或單純的副食品，腸胃想要消化這種奶塊，想必負擔會大些吧！如果飯後再來個冰冰涼涼的飲料，像是孩子最愛的多多、果汁，腸胃一寒，更容易消化不良或拉肚子了。

所以，要養護孩子的腸胃，不應該讓他們吃得過飽，且要讓腸胃有休息的時間，記得，這絕對不是吃益生菌或拼命吃粥就會好。

讓孩子的腸胃適時休息

讓孩子偶爾保持空腹，給予腸胃時間休息，非常重要。所以，我通常會建議爸媽們，如果小孩已經開始吃副食品，不妨每天早上起床時先讓孩子吃第一餐，接著等他們喊餓時，再給下一餐，或是定時給下一餐。千萬不要吃完了正餐，因為擔心餓到，餐跟餐之間不斷提供點心，這樣對孩子的發育沒有好處！

常帶三分寒，才不會過暖、身體出毛病！

三分寒不是要孩子去受寒、挨凍，而是不要穿得太暖。穿太暖，一不小心可是會讓孩子變成溫室的花朵。

上一篇說到「飢」，這次要談到「寒」了。除了過飽的問題之外，養育小孩最常見的還有過暖的問題。家長總是怕孩子冷到，老是幫他們包得緊緊的，認為這樣才不會受寒。其實穿得太暖，反而容易讓身體出毛病。

人體會依據外在環境出現調節機制

人類是恆溫動物，維持一定的體溫，對於生命是非常重要的。外界的寒氣會讓身體出現各式各樣的調節機制，例如：企鵝為了在寒冷的天氣下活下來，除了有厚達二至三公分的皮下脂肪，還有避免「腳尾冷滋滋」的「靜脈回溫系統」。

你可能會想：我們是人，又不是企鵝——但其實是差不多的！就像企鵝身上有一層厚厚的羽毛，人類為了禦寒也會穿上羽毛衣、蓋上厚被子。為了避免體溫喪失，我們也會收縮血管，減少四肢和體表的血液供應。

更重要的是，一旦我們的核心溫度下降，身體會努力的囤積脂肪，才能避免凍死。而寒氣的入侵會造成身體各式各樣的反應，例如：肌肉筋骨緊張，纖維組織增生，最可怕的就是脂肪會堆積啊！

小孩是稚陽，身上帶有三把火

《黃帝內經》提到：「嬰兒肉脆、血少氣弱。」意思是說，剛出生的寶寶雖然身體器官及組織已經形成，但尚未完全發育健全，因此特別虛弱，對於外界的寒熱刺激比成人更敏銳。

現在少子化，大家把所有的愛都灌注在孩子身上，先是讓孩子天天躲在房子裡，緊閉門窗，避見風日；又讓他們經常穿著長袖長褲，溫暖過度，因此皮膚時時都有微汗，肌膚腠理疏鬆不緊、毛孔大開。只要稍一疏忽，一不小心吹點風，風寒就長驅直入，讓我們的愛變成毒藥。

此外，家長也很愛沒事就幫孩子戴個帽子，要知道他們是稚陽，身上是帶有三把火的，因此特別容易流汗。如果已經熱到出汗了，還硬要他們戴帽子，會鬱遏其生發之氣，真的會變成溫室的花朵啊！孩子身體素熱，沒事天天灌個補湯，喝個薑湯，如果是體質乾乾瘦瘦的，「陰液素虛，陽火素勝」的孩子，能不出問題嗎？

孩子衣服比大人少半件

三分寒的意思，不是要孩子去受寒、挨凍，而是不要穿得太暖。我認為一個正常的孩子，在正常的環境下，衣著就是比大人少半件，只要注意保持軀幹和足底的溫暖即可。若衣服濕了，千萬不要讓孩子一直穿著，要趕快換下來。

此外，不要讓孩子的身體一直微微汗出，要知道除了風寒以外，還有濕氣的問題。濕氣多了，皮膚會跟著出問題。讀過《傷寒論》的人都知道，微微汗出是治病的方式，不是應有的常態。所以，在孩子身體容許的範圍內，可以多見風日，受點霧露之氣，培養正常的抵抗力是絕對必要的。

小孩睡覺包緊緊，悶一點汗比較好？

有人說流汗是排寒或散熱，對身體健康是有益的，但也有人說汗流太多會造成氣虛，對於小孩來說，到底哪種說法才正確呢？

「醫師，小孩睡覺要包肚兜和防踢被，悶一點汗，流汗排寒，對不對？」

「醫師，我看過網路上有人說，夏天流汗是正常的，我們要趁這個時候讓孩子穿冬天的衣服來排寒，對不對？」

這位媽媽，換作是你，真的穿得了那件冬衣嗎？

以中庸之道來生活

奉勸各位爸媽們，別太緊張兮兮啊！人類長期體溫都維持在三十六・八度上下，流汗或發抖是人體散熱的本能反應。如果因為某些意識型態，故意在大熱天，將自己裹在冬天的厚衣厚被裡悶，加速人體的排汗過程，豈不失去了平衡？所以，穿衣服要視溫度的狀況加減，熱了脫一件，冷了多穿一件。穿衣服是為了讓身體適其寒溫，不會感到太冷或太熱才對。

如果要排寒，也應該像吃中藥、喝熱稀粥一樣，流一點點薄汗，以驅寒邪，千萬不可以大汗淋漓！流汗後要更換衣物，避免讓濕氣入侵。更要切記不要一天到晚實行「排寒」。

大汗淋漓，短期或許可以達到排汗、排毒的功用。但時間一久，必定會造成身體虛弱。因為汗為心之液，多汗必定會造成心氣虛、心悸、精神萎靡、健忘等症狀。當然，短期也可能造成皮膚熱疹，甚至熱衰竭。

想必有人會說：「冬不藏精，夏必病溫」。所以，一定要穿的暖呼呼，搞得全身都是汗，而且現在又那麼多冷氣，更要穿多一點啊！

這點我認同，但全身包成木乃伊也不妥，長袖長褲就算了，若又是肚圍，又是防踢被，再加個帽子、口罩，以現今夏天的溫度三十五度到三十六度的高溫，別說孩子了，我們都受不了。

中醫常用「陰陽五行」來解釋醫理，以「道」為中心，而道家講究的是陰陽調和，絕對不是孤陽或獨陰。中醫是從這個理論延伸出來的醫學，自然是最講究平衡的。所以，以中庸之道來治病和調養身體，才是最佳的方法。請記得，「夏傷於暑，秋必痎瘧」，凡事過之，猶如不及！

保護過度，反而妨礙孩子成長！

家長總想給小孩滿滿的愛，將孩子照顧得非常周到，深怕外界環境會傷害他們，其實太過保護孩子，反而可能妨礙他們的成長。

進入此主題前，先來說一個故事。

某次，我兒子生病了，不吃不喝又發燒，為了讓他吃東西，我拿出了冰冰涼涼的多多，想說稀釋、稀釋就好。果然，兒子喝了多多，達到吃東西的目的，短暫地安慰到了我這個做爸爸的心靈。沒想到，本來稍微退了的燒，竟然又燒上去。燒退了以後，鼻涕流了一週，最後還要動用中藥來調理，才讓孩子恢復正常的身體狀況。後來想想，一切都是因為我這個豬隊友幹的這件蠢事，不然孩子也不需要多病這一週！我曾說過：「父母是孩子最好的醫師」，但有時因為「愛」，父母也會變成「最強的豬隊友」。

給孩子最適合的環境，而不是溫室

中醫認為自然界有六氣，也就是「風、寒、暑、濕、燥、火」六種正常現象，例如，夏天就是會熱，在瀑布邊就是會有濃厚的濕氣，在澳洲內陸肯定氣候乾燥。開冷氣就是會冷，開除濕機一定會乾燥，開電風扇一定會有風吹，暖氣開太大，房間就會熱得讓你想脫衣服。

如果皮膚一直悶在密不透風的衣物裡，不斷地出汗，這就是人為的「衛氣不固」，稍大的風氣，就會變為致病的風邪，為什麼？因為毛孔大開啊！要知道衛氣是人體抵抗外邪的第一道防線，如果力量不足，健康就很容易失守。

皮膚一直在濕熱的環境下，濕邪易入侵肌腠，孩子皮膚看起來似乎白白嫩嫩的，其實除了表虛不固，更容易引發皮膚疾病，像是汗疹、熱疹、蕁麻疹之類的問題。我曾遇過一個例子，有位爸爸聲稱他的孩子有異位性皮膚炎，我認真地看了一看，發現根本是熱疹和汗疹。追究原因，就是穿太多啊！

看到這位爸爸，我也是嘆了一口氣，吾道不孤啊！原來不是只有我是豬隊友。但是親愛的爸媽們，孩子就像初生的嫩芽，我們應該給他是「適合的環境」，而不是溫室。

讓孩子正常接觸六氣

正常情況下，六氣變化是不會造成人體生病的，而且六氣還是萬物生長發育、人類賴以生存的必備條件。舉例來說，如果我們搭飛機到蒙古玩，剛下飛機會覺得皮膚乾燥，甚至嘴唇乾裂流、鼻血，但是已經在那裡生活很久的居民，並不會出現這些症狀。因此，正常接觸六氣，可以提高小孩抵禦外邪的能力。

不過，當六氣變化太過劇烈時，或是過於極端，就會變成六淫。六淫超過人體調整能力，人類無法抵抗它們的侵襲，就易生病。例如，如果天空不下雨，芒果樹會死掉，我們就沒有芒果冰可以吃。如果沒有寒冬，很多種子就不會發芽；如果夏天天氣太熱，我們沒有冷氣，就會中暑脫水；如果冬天寒流來，我們穿得不夠暖，就會感冒，甚至凍死。

如果不讓孩子正常地接觸六氣和病邪，身體就不能產生正常的防衛機制、正常的免疫系統，孩子未來就會像溫室裡的花朵。看似健康的成長，卻小病小痛不斷，遇到稍大的六淫不正之氣，就會生病，甚至是免疫系統失常，誘發免疫系統疾病。

學會觀察小兒體質，成為孩子的神隊友！

中醫治病的方式是「辨證論治」，而判別病患屬於哪一種體質，
也是醫師收集資訊的一種方式，帶孩子至診所就診時，可別一問三不知！

「醫師，我小孩的身體好虛！」媽媽一進診間就鐵口直斷地說道。
檢查完我面前的這個孩子，我跟媽媽說：「你的孩子是萬中無一，百年難得一見的武林奇才，他的身體非常健康，沒有任何問題啊！」
「哪有！他的身體真的很虛，超級會流汗！」（這位媽媽很堅持喔！）
「媽媽，哪個孩子不流汗？會流汗是正常的喔！」
「不是喔！他只要稍微動一下就全身汗，我覺得是『陽虛自汗』的體質。」

「媽媽，你看看他，臉色白裡透紅的，哪裡『陽虛』了？」我問。

因為爭不過我，這位媽媽超級不開心，後來乾脆改找診所的另一位醫師看病……

唉！大家都知道，中醫師看病很講究體質，看病時以望、聞、問、切來收集病患資訊，通常分析後，判定為某種性質的「證」，並且以此為基礎，確立治療方向及原則。病患屬於哪一種體質，是醫師所蒐集到資訊裡的其中一項。

簡單分類小兒體質

如果以中醫師的專業黑話來做體質分類，爸媽可能會被搞得迷迷糊糊、似懂非懂，所以我就以大家都很熟悉的卡通——哆啦A夢，來簡單解釋一下。

哆啦A夢這部漫畫的男主角是大雄，但裡面最完美的角色卻是小杉。小杉是資優生的代表，樣樣都很出色，不但長相端正、功課名列前矛、個性十分穩定，身體看起來也沒什麼問題。用一句現代人常說的，小衫根本是人生勝利組的代表！

反觀男主角大雄，不但個性懦弱，感覺體弱多病，連跑步都跑得氣喘吁吁。大雄的形象，完全符合中醫的「體虛氣弱」。

愛欺負人的胖虎，胖胖、壯實的身材，加上特別容易生氣，吃東西食量特別大，是小兒中「陽明體質」的代表。遇到這種體質的小孩，我通常會建議媽媽少讓他吃一點肉，飲食盡可能清淡些。

至於小夫，則是典型的「木型體質」，身材瘦瘦乾乾的，活力十分旺盛，但也很容易緊張。

幫小孩調體質是很麻煩的一件事，而且我認為每一種體質都有自己將來發展的型態，不可能硬去扭轉它。就像胖虎再怎麼調，也永遠不可能變成小杉。小杉、胖虎、小夫的體質都不需要特別調整，只有大雄可藉由體質調理來讓身體變得強壯一些，才不會總是病懨懨的。

觀察，才能發現小孩的問題

中醫看病，不是只看外表跟體質，包括生活作息、飲食習慣及活動力等，都是考量的範圍。因此古時候大戶人家看病，都是請大夫直接住在家裡三天。在這三天裡，醫師可以從早到晚觀察小孩，才知道哪方面出了問題。如果醫師看診十五分鐘，就能說出身體出現什麼問題，除了是自個兒家的小孩外，另一個可能就是這個孩子正在生病。

這就像把脈一樣，最好能知道病患原本的脈象，才能有比較的基準，也才能知道身體的變化。

常有爸媽第一次來看診，一開口便問：「我的孩子身體有沒有問題？」遇到這樣的情況，我會直接回答：「我怎麼知道呢？」（一邊翻白眼！）

會這樣說的原因，在於大部分孩子剛到陌生環境，表現出來的多不是平時的樣子，必須多來兩次才比較準確。很多小孩第一次到診間來，都乖乖的、一動都不敢動；第二次來，因為比較熟悉，有的還直接坐在我的腿上，或者把我的眼鏡抓下來。更厲害的還有把小銅人折成二半……最常遇到的狀況是，兩家小孩在候診區跑來跑去，最後變成好朋友玩在一起。

所以，我覺得最理想的看診制度，是爸爸媽媽帶小孩來診所，大家一起坐下來喝杯下午茶，一邊喝、一邊觀察孩子的情況。來一次還看不出來，最好要來兩次。不過，在現代健保制度之下，這簡直是天方夜譚哪！

醫師沒有辦法做到的事情，但是爸媽可以呀！爸媽有很多時間跟孩子在一起，可以觀察孩子每天的變化，歸納出孩子的正常表現、發現孩子的異狀。醫師是人不是神，不可能坐在診間看一眼、把個脈就知道孩子有哪些問題。尤其中醫非常重視一些小地方，像之前說過的流汗狀況啊、尿尿狀況啊、大便狀況啊！這些都只能交給爸媽多加觀察，爸媽觀察得越仔細、提供的訊息越多，醫師越不會瞎猜，開藥的準度也會越高！

想要孩子減少生病、或是生病後縮短病程，最重要的就是要有能細心觀察孩子的爸媽啊！

便便，是判斷孩子身體狀況的指標！

大便不是只能沖進馬桶的排泄物，爸媽若能仔細觀察小孩的便便，還可以從中判別出他們身體的狀況。

有一次有個爸爸帶著小朋友進診間，一開口就說：「醫師，我家小朋友好像有點便祕耶！」

「是喔？為什麼你這樣覺得？是很多天才大便嗎？」

「不是耶！就看起來硬硬的！」

「有多硬？你可以形容一下嗎？」

爸爸馬上搔搔頭說：「我……我怎麼知道！就看起來硬硬的啊！」

施主，到底「看起來硬硬的」是怎麼樣的硬呢？你有摸過嗎？別一聽到這個問題就倒退三步，就算不敢用手，你也可以套個塑膠袋摸摸看嘛！不過或許是我太過度宣傳觀察大便的重要性，竟然有人把整包大便帶來給我看……可以不要這樣嗎？

正常便便的判斷三原則

很多人會在診間說自己或小孩有便祕，或是有大便問題，但我常常在問診後發現，病人只是有點排便異常而已，根本沒有什麼太嚴重的大毛病。可是每每我一說，對方就會問：「醫師，大便怎樣才算正常？」這就太為難我了，「大便有標準嗎？」

不過如果真的要說大便有什麼標準，大概有三點可供判斷：

◎原則一、頻率：排便時間一天三次到三天一次，中間無排便的時間沒有腹脹、痛、悶的感覺。

◎原則二、形狀顏色：排便乾淨成條，顏色正常，且不會沾黏肛門或馬桶。

◎**原則三、無異常感：**排便時，肛門沒有異常感覺，例如灼熱感。

孩子大便狀況分三時期

至於小孩的大便狀況，又可以再分成三個時期：

◎**胎便：**寶寶在媽媽肚子裡就已經產生的便便，大概出生二到三天後會排乾淨，大完就沒有了，顏色是深綠色，形狀比較黏稠。

◎**嬰兒時期：**喝母奶跟喝配方奶的寶寶，大便的型態不太一樣。母奶寶寶大便稀又多，且感覺比較糊，味道又腥又酸，有時是黃色，有時是綠色。喝配方奶的孩子，大便較乾、較臭，消化不良時便便可能會摻雜黃色乳凝塊。通常喝配方奶的寶寶大便次數比較不固定，一天三次或三天一次都是正常範圍，母乳寶寶次數會多一些，只要沒有出現紅屁股或排便不舒服的狀況都可以接受。

◎**開始吃副食品後：**孩子開始吃大人的食物，便便也會變得又粗又大，甚至形狀比大人的還漂亮。因為大人飲食情況複雜，加上情緒、壓力等因素，便便可能出現細細一條的形狀。但小孩愈長大，開始吃零食、喝飲料、吃冰之後，便便狀態就會受到影響，加上漸漸懂事，開始出現情緒、壓力問題，這些都會影響排便。小孩腸胃受到影響，便便的形狀就不會像之前那麼好看，還可能出現軟便或便祕的情況。

小孩排便異常的常見狀況

大便的兩端，一端是便祕、拉不出來，另一端是拉水拉稀，而介在兩端的還有各種情況。同樣的顏色，有人說是黃色，有人說是棕色；有人會觀察到形狀，有人還能分辨出裡面有食物原型。

大家各說各話，對醫師來說很像通靈啊（而且還是通大便的靈）。所以，爸媽們如果遇到以下這幾種狀況，就快點拍照，以便提供醫師參考。但千萬記得，不要開美肌模式，拜託（這真的超級重要）！

◎看到食物樣貌的大便：通常這代表小孩身體出了狀況，例如消化不良，如果把便便掰開來看，有時可能會看到麵條，比較嚴重時還會看到整顆飯粒。這就是古人說的「完穀不化」，也就是現代人常說的「吃什麼拉什麼」。

◎**大便不成形：**常見在小孩腸胃虛寒時，這種散狀大便有時還看得到食物顆粒，像是蘋果渣、胡蘿蔔渣等。如果便便呈現爛泥狀，連食物的殘渣都看不到，通常是腸胃裡有發炎的狀況。

◎**大便超臭、超黏的泥狀、散狀大便：**通常這種大便會伴隨著小孩肚子痛的狀況，這代表孩子可能吃壞肚子。此時建議不要止瀉，讓他把髒東西拉完再說。

流口水、手指甲是診斷孩子身體狀況的關鍵？

除了大便是觀察孩子身體狀況的依據，其實只要多用點心，從流口水或是手指、指甲等都能看出一些端倪。

「醫師，為什麼我兒子一直流口水？」媽媽問。

「是你不給他吃東西嗎？」我說。

「……」媽媽一臉遇到「普龍貢」醫師的模樣。

（尷尬十幾秒後……）

我問媽媽：「弟弟前兩天有發燒嗎？」

「有，昨天燒一下下就退了。我兒子是怎麼了嗎？」媽媽問。

「弟弟，你鼻子借我，讓我把蟲蟲抓出來好嗎？」我認真的跟孩子說。

媽媽焦急的說：「什麼？醫師，我兒子鼻子裡有蟲？」

（這位媽媽，你可以不用這麼緊張，真的。你這樣連我都覺得有點緊張了！）

不起眼的小問題，卻是解決問題的關鍵

大家一定有幫家裡的寶貝舉行「收涎」的儀式吧？我家小孩大概四個月大時，太太還特地自己做了收涎餅乾。不過，小孩絕對不會因為你幫他「收涎」就不流口水，大概會一直流到一歲多一點才會停，每個孩子的狀況不一定。

但如果你的孩子本來已經不流口水了，突然又開始流口水，請注意一下，是不是口腔裡有什麼狀況，像是長牙、口瘡（例如腸病毒），還是因為太焦慮。另外，也可能是身體裡水分的代謝出問題。

記得有一次，一個弟弟來診間，從頭又哭又鬧又流口水，口水又黏、味道又重，張嘴一看才發現是口內炎，口腔內黏膜紅腫疼痛，當然一直哭鬧不休！最後用

了一點點中藥，這個問題就解決了！

所以，流口水也許是個不起眼的小問題，但當中醫師問道：「小孩是突然流口水嗎？口水很黏稠？有特別的味道嗎？」這些都可能是解決問題的關鍵。

從手指及指甲看出小孩健康狀況

從指甲紋路可以看出孩子的健康狀況，一般小孩是橫紋，而三十歲以上的成人，因為新陳代謝變差，則會出現直紋（跟手指頭平行）。當小孩營養不良時，指甲上的橫紋會出現凹紋，尤其氣血不足時更加明顯。

指紋三關診病法

中醫會運用「指紋三關診病法」，來觀察孩子的狀況。

◎方法：爸媽用拇指輕刮小孩的食指。

◎檢查結果：

・出現紫色指紋，代表有熱象。

・出現紅色指紋，則是受到風寒。

・若輕推時，紋路幾乎沒有變化，看起來像卡住的情況，表示可能有食積的問題。

◎小提醒！

小朋友的指紋可分為命關、氣關及風關，若指紋只在風關，表示情況還算輕微，但如果指紋長至命關，則代表病情已經變得嚴重，治療起來會比較麻煩。

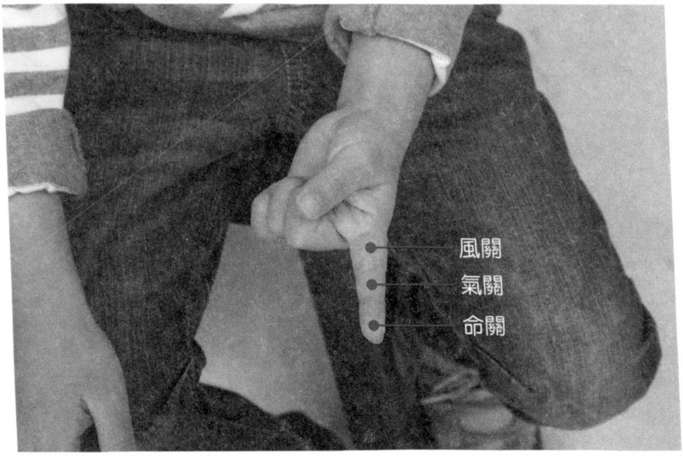

○中醫生活百科

爸媽必備！中醫求診問答卡

看診時，常會遇到病患或爸媽對於孩子狀況一問三不知的情形，或者一直跳針，不知道在說些什麼。建議大家看中醫前，先在家裡把以下問答卡預想一遍，不但能增進看病效率，也能提升看病的準確性。

○一問寒熱

中醫看病時，寒、熱是最基本的資訊，會不會感覺身體發熱或畏寒，是一定會問的。但人的體質不是只分寒或熱這樣簡單，會有寒熱交雜、虛寒、實寒、虛熱及實熱等類型。

有時問病患問題，他們自己可能也不太清楚，所以我會藉由觸診，感覺當下摸到的情況來加以診斷。

如果是大人，我會先從手肘往下摸，最後才把脈；如果是小孩，就是摸摸手腕、手掌、額頭，以及上背部的大椎。如果可以的話，還會摸到腿部，因為發燒時，四肢常是冰的，但頭、頸以上卻是熱的。

○二問汗

小孩會不會自汗或盜汗？睡著時流汗的情況如何？如果只有頭狂冒汗，身體完全沒有，是不合理的。

○三問頭身

頭和身體會不會痛？關節會不會痛？還有哪些地方會感覺不舒服？例如小孩感冒時，經常連關節都會痛。

◯四問便

看診前，先觀察孩子以前及最近大小二便的差異。請確實告訴醫師：大小便的形狀、顏色、次數。此外，上廁所時會不會感覺疼痛、灼熱，糞便會不會黏馬桶，都是重要資訊。

◯五問飲食

想一想，小孩平時喜歡吃什麼？不愛吃什麼？最近這三天吃了些什麼？不管是長期或短期的飲食狀況都要注意。

◯六問胸

通常我會問：「會不會胸悶、胸痛？」但五臟六腑的痛覺跟一般皮膚肌肉不同，所以還要做觸診、腹診，用手去按壓病患身體局部，才能得知真實情況。

◯七聾八渴俱當辨

如果是耳朵出問題，例如中耳炎，小孩可能會聽不到或聽不清楚。不過，孩子聽不到，有時不是因為生病，而是覺得大人叫他保證沒好事，所以故意裝聾，不想理你。

孩子口渴不渴或平時喝水量，也是中醫看病的一項指標。當他口渴時，是一次灌一大堆？還是只喝一點點就不想喝？口渴時會想喝冰的，還是熱的？喝完冰的會不舒服嗎？這都是診斷的重要依據。

◯九問舊病十問因

孩子以前有生過什麼病嗎？打過什麼疫苗？家族有沒有什麼病史？爸爸、媽媽、阿公、阿嬤的體型？雖然說感覺好像要把祖宗十八代都交代完，但病患若能說的越清楚，對於醫師的判斷會越有利。

《中醫十問歌》

明代醫學家張景岳的《景岳全書》之中，有一首《十問歌》。

一問寒熱二問汗，三問頭身四問便，
五問飲食六問胸，七聾八渴俱當辨，
九問舊病十問因，再兼服藥參機變，
婦女尤必問經期，遲速閉崩皆可見，
再添片語告兒科，天花麻疹全占驗。

特別收錄①

改善便祕的小兒按摩

小孩排便不順，可能導致胃口變差，
小病小痛一堆，讓爸媽很傷腦筋，
其實透過簡單的按摩，
就能幫助孩子的「嗯嗯」順暢，遠離便祕。

清胃經

作法

爸媽用拇指，從小孩腕橫紋推向拇指第二關節橫紋處，約300次。

功效

針對消化不良、食積、食慾不佳或者是腹瀉的推拿方式。

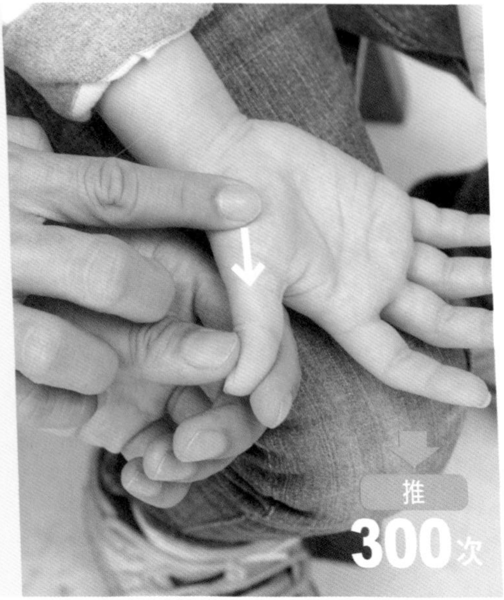

雙清腸

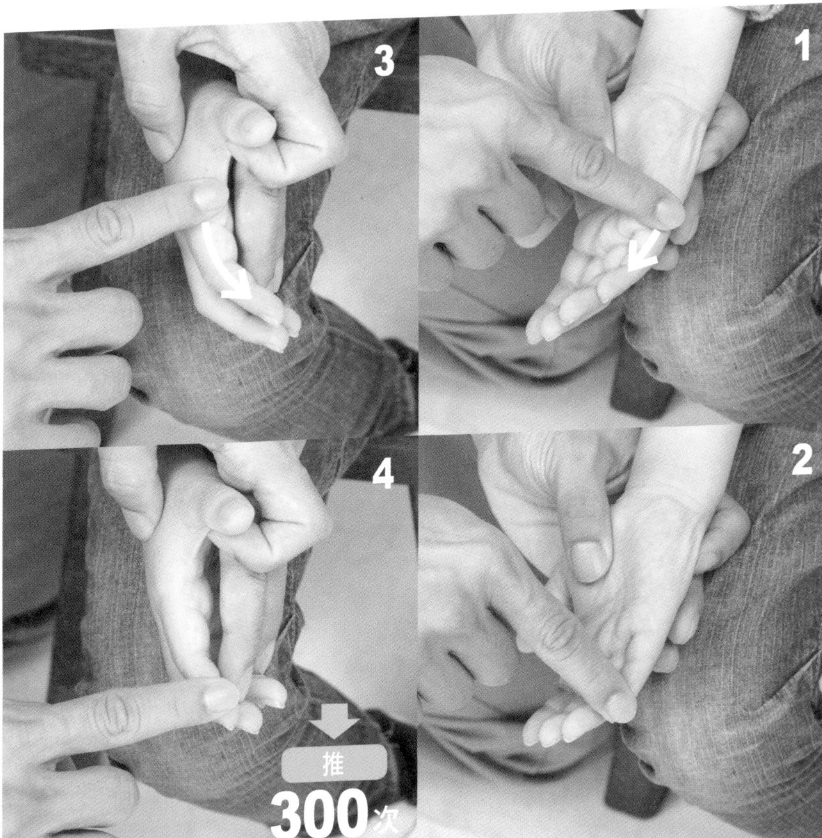

作法 爸媽一手固定孩子手腕，另一手拇指與食指相對。從孩子食指和小指側緣，由指根推向指尖處，約300次。

功效 緩解小兒便祕、消化不良、食積、食慾不佳或是腹瀉。

順運八卦

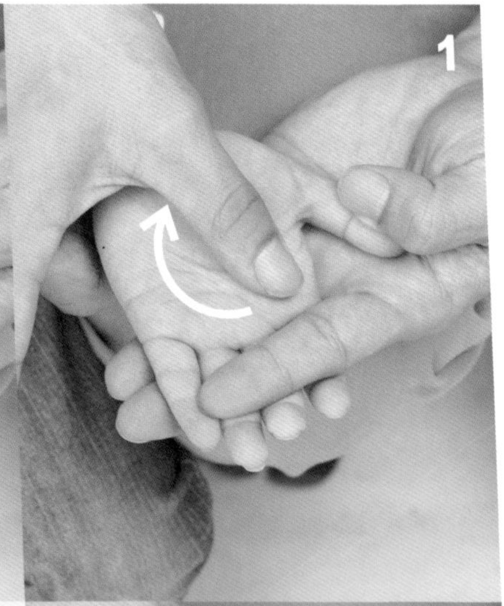

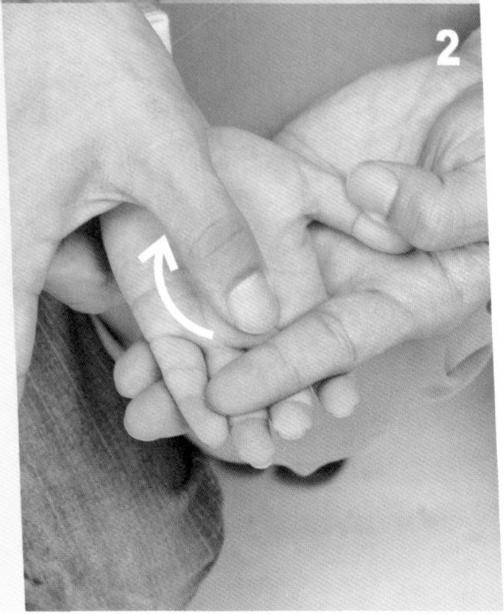

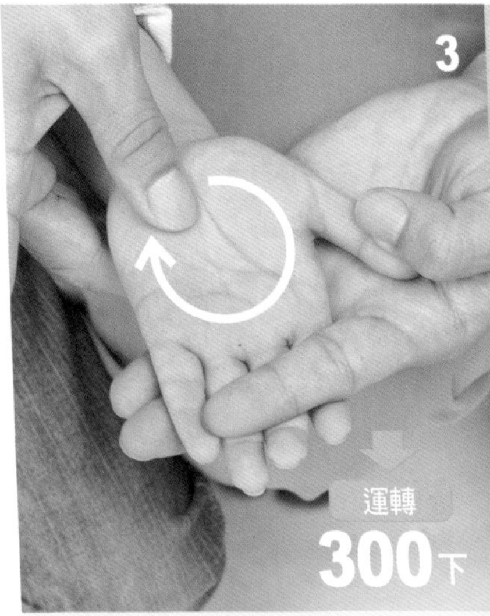

作法

爸媽一手拇指、食指圍成圓圈，另一手拇指以順時針方向，在小孩手心運轉300下。

功效

能健脾和胃，止咳化痰，是妙用無窮的小兒推拿法。

下推七節骨

作法

爸媽以食指、中指指腹，由上往下直推，推至局部發熱，即可。

功效

下推七節骨具有瀉熱通便的作用，對於排便不順具有緩解作用。

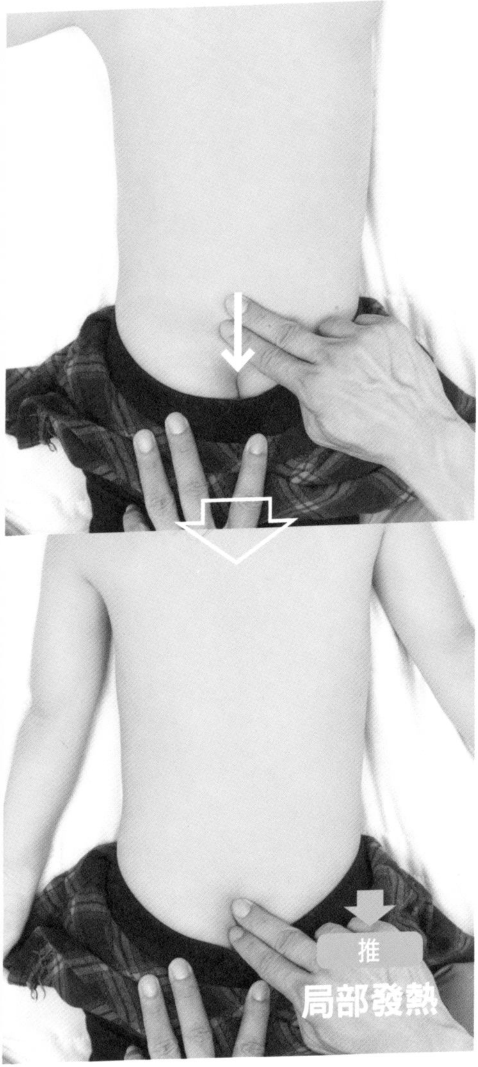

特別收錄②

緩解咳嗽的小兒按摩

引起咳嗽的原因很多種，
爸媽要正確分辨小孩到底是什麼類型的咳嗽，有時確實很難。
不管是哪一種咳嗽，小兒止咳按摩法都會發揮作用，
能迅速緩解小孩咳嗽的狀況。

小兒止咳按摩手法

STEP1

讓小孩趴在床上，爸媽用雙手拇指輕輕按摩「肺俞穴」。接著以畫圈的方式「由內往外」按揉，約5分鐘左右。

肺俞穴

位置：人體背部，第三胸椎和肩胛骨之間。

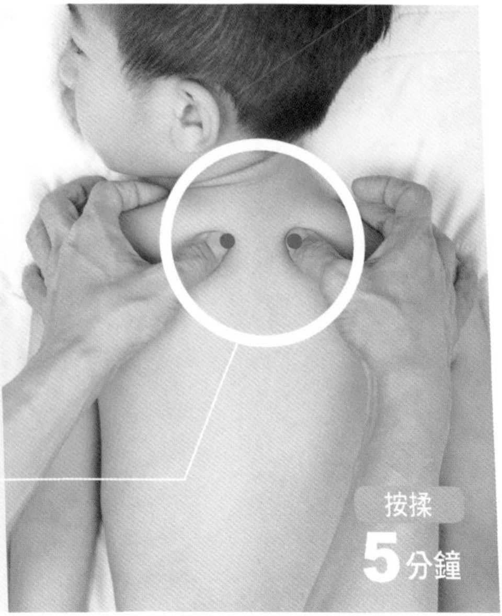

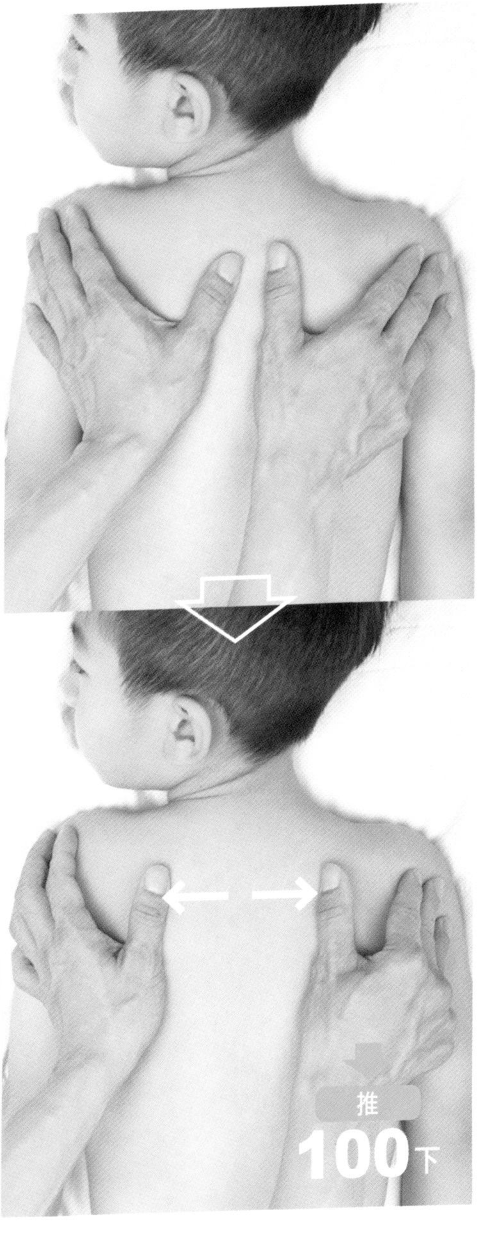

STEP2

雙手拇指放在小孩脊柱二旁，向著肩胛骨往外推，大約推100下左右。

STEP3

將小孩翻過來，按揉天突穴（位置大約是成人鎖骨凹陷處）50下。

天突穴

位置：手指從喉結往下移動，約鎖骨凹陷處。

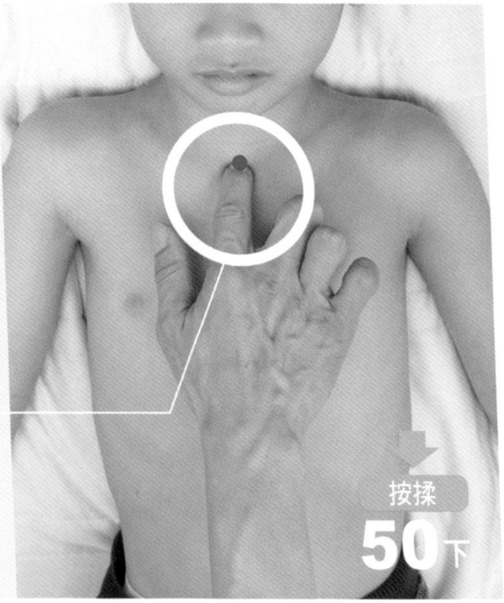

STEP4

按壓膻中穴（二乳中點）50下。

膻中穴

位置：位於二乳中點。

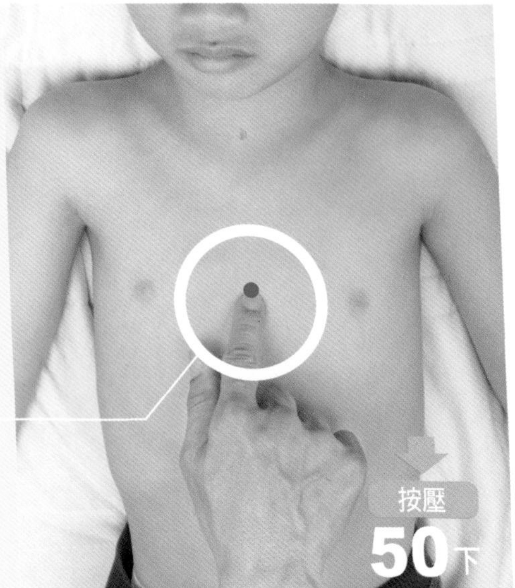

小提醒

爸媽在按摩時，注意力道一定要輕柔，只要輕輕推動即可，不要太過用力而壓傷孩子。此外，要注意保暖，不要讓小孩因此受寒。

STEPS

按摩二隻腳的足三里及豐隆穴各1分鐘。

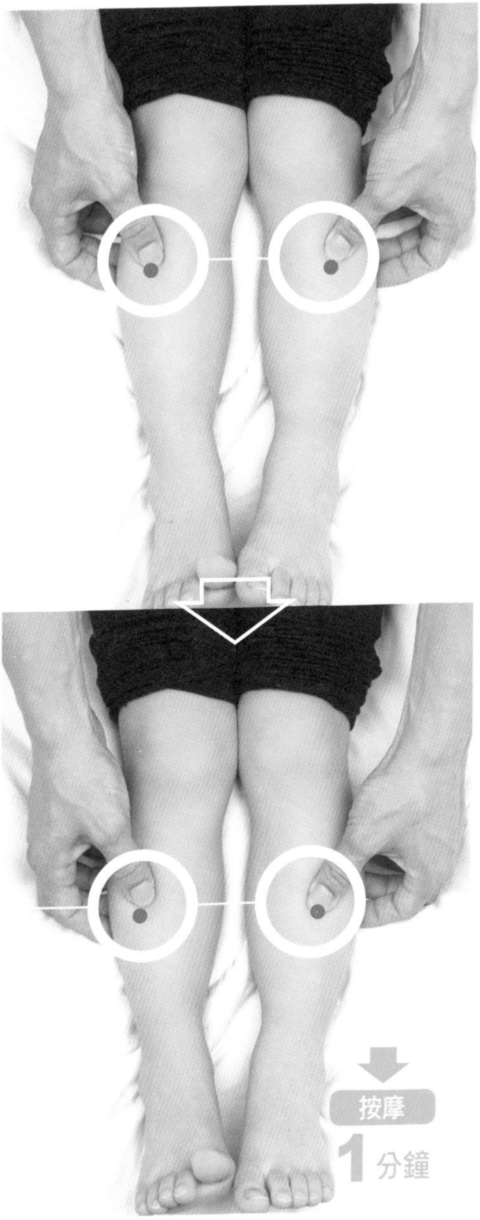

足三里穴

位置：腿膝蓋骨外側下方凹陷往下約4指寬處。

豐隆穴

位置：先找到膝蓋骨外側陷下處，與外腳踝連線的中點。

特別收錄③

幫助退燒的小兒推拿法

小孩一發燒就沒精神，胃口也變得奇差無比，
擔心孩子變得沒有體力的爸媽，不妨試試小兒推拿法。

推坎宮

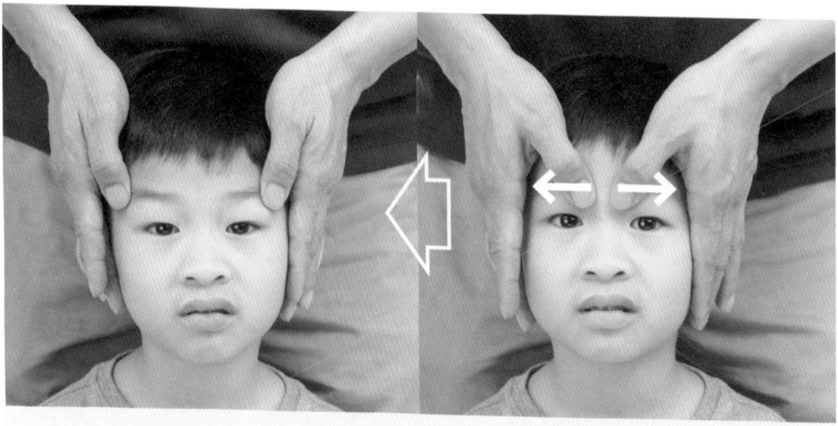

坎宮

位置：位於眉頭至眉梢處。

作法 用大拇指從眉心向眉梢呈一直線輕推，約推200下。

功效 疏風解表、醒腦明目。

清肺經

作法

由指根輕輕的推向指尖，約推200次。

功效

瀉肺經能宣肺清熱、化痰止咳。

肺經

位置：位於無名指末節。

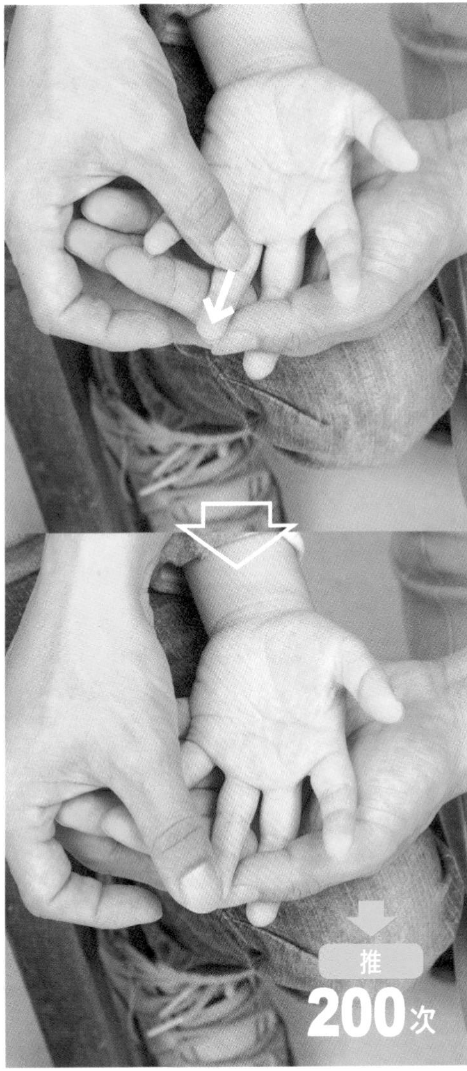

瀉（清）天河水

作法

爸媽用食指、中指，從手腕輕推向手肘，約200次即可。

功效

清河水是一個涼性的穴位，瀉天河水可以清熱。

清河水

位置：位於前臂正中。

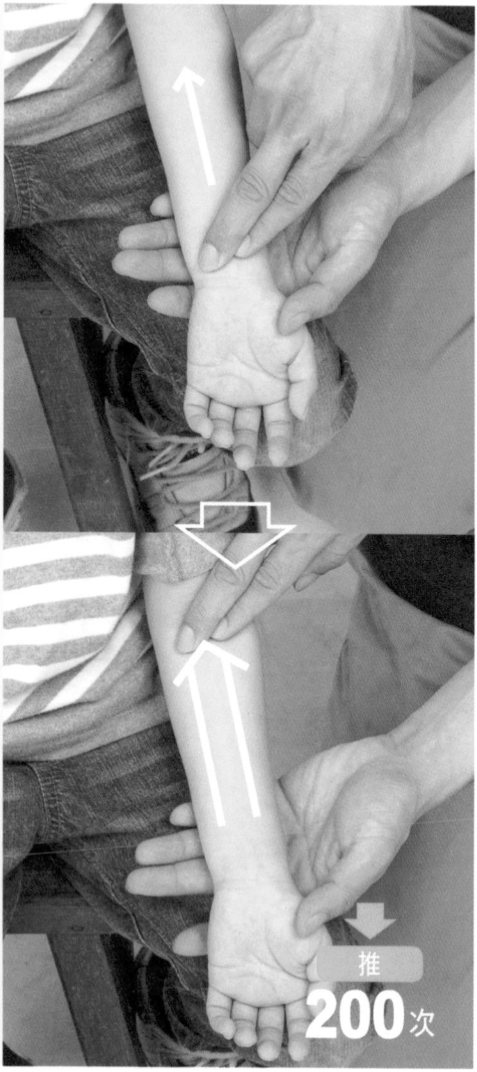

推三關

作法

爸媽用食指、中指，由手腕輕輕滑向手肘，約200下。

功效

有很好的退熱效果。

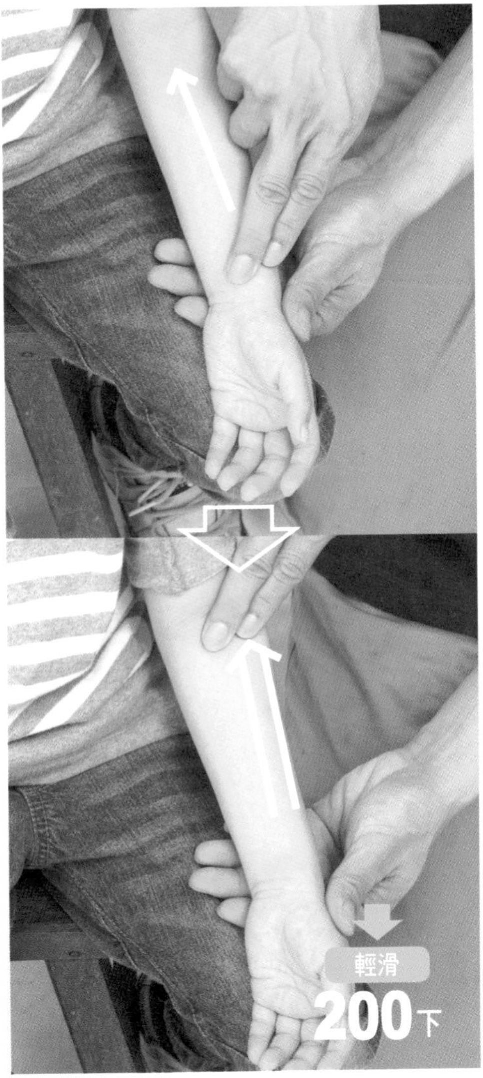

三關穴

位置：三關位於前臂橈骨側。

捏脊

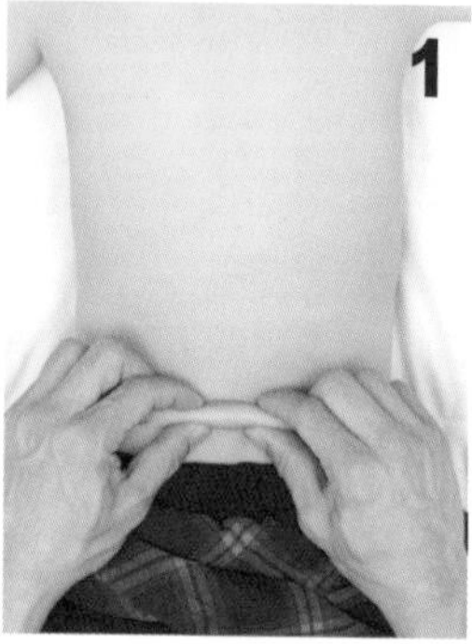

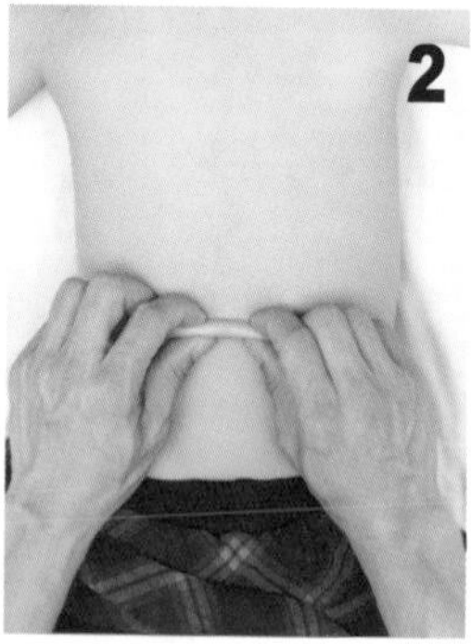

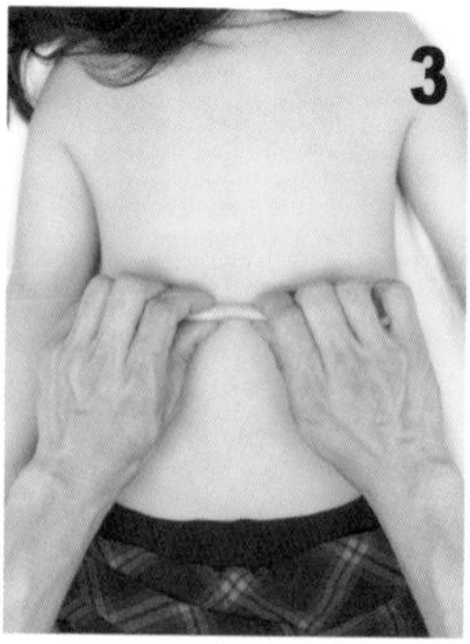

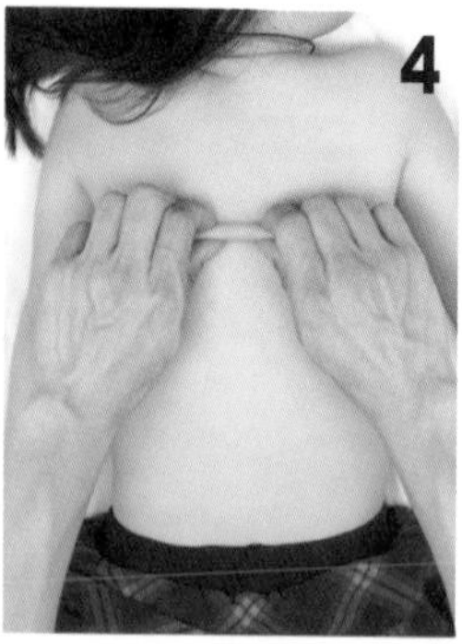

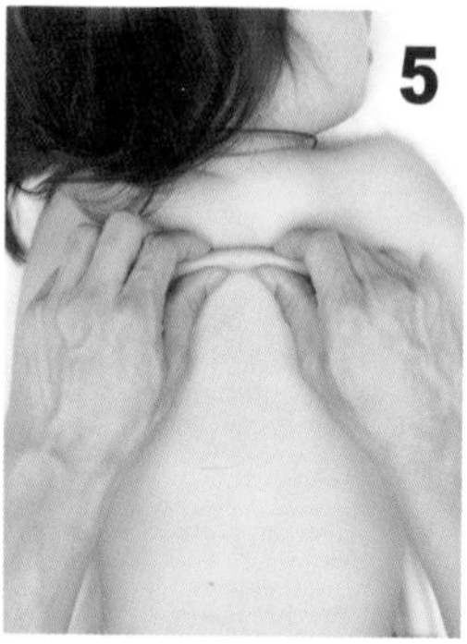

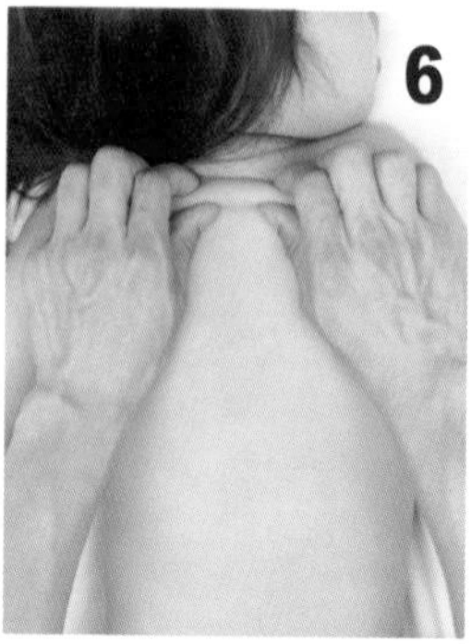

作法

雙手沿著小孩的背脊骨，由上而下或由下而上，邊捏邊按摩。

功效

攻補兼施，增強小孩體質。

位置：脊椎及其兩側皮膚。

小提醒

將小孩背部的皮膚輕輕捏起來，記得指力要輕柔，約進行一分鐘即可。

拿風池

作法

用拇指、食指輕輕地以畫圈的方式按揉風池穴，持續約1分鐘。

功效

能疏風散寒、發汗解表。

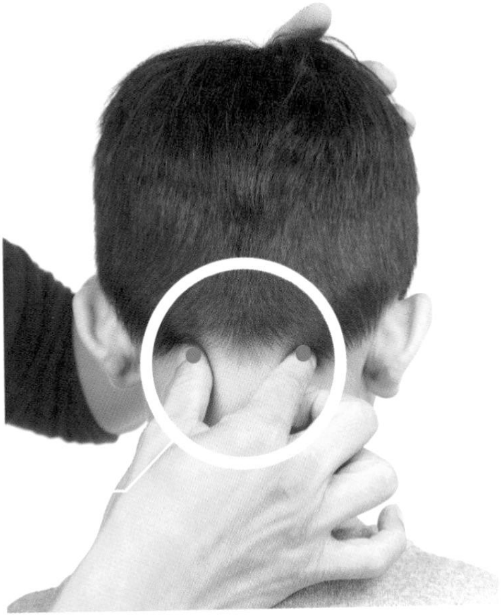

風池穴

位置：位於耳後頭枕骨下，髮際內凹陷處。

Point

小兒退燒推拿法整組做下來，約一到兩個循環即可，如果體溫還是太高，再瀉天河水400次。一般發燒的症狀，應該就可緩解。

特別收錄④

舒緩鼻塞、流鼻水的頭面推拿

對小孩而言，只要身體經絡暢通，不舒服的症狀就好了大半，
因此小兒推拿術是非常實用的。
中醫的小兒推拿有許多門派及手法，不過一般認為，只要跟頭部、面部相關的症狀，包括鼻塞、流鼻水，都可以用以下手法來緩解。

揉太陽

作法

用拇指腹按揉，以揉3按1的方式進行，約5分鐘。

太陽穴

位置：在兩側眉梢與眼角延長線相交，眉後凹陷處。

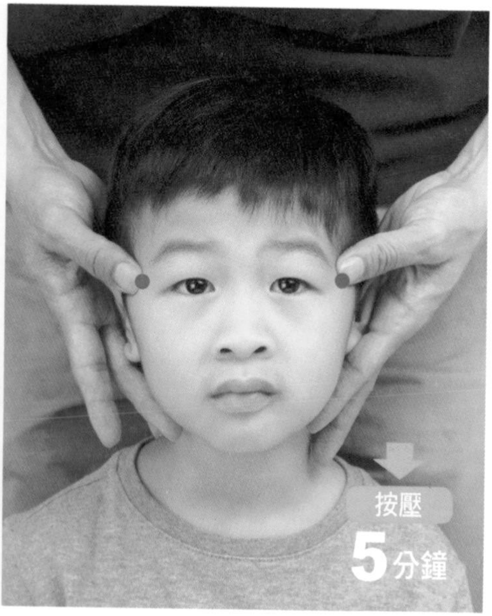

小提醒 另外也可以揉風池（請詳見P.223）、推坎宮（請詳見P.218）。

開天門

作法

用兩手拇指，由下而上交替直推，約推200下。

功效

有很好的退熱效果。

天門穴

位置：兩眉之間印堂的區域。

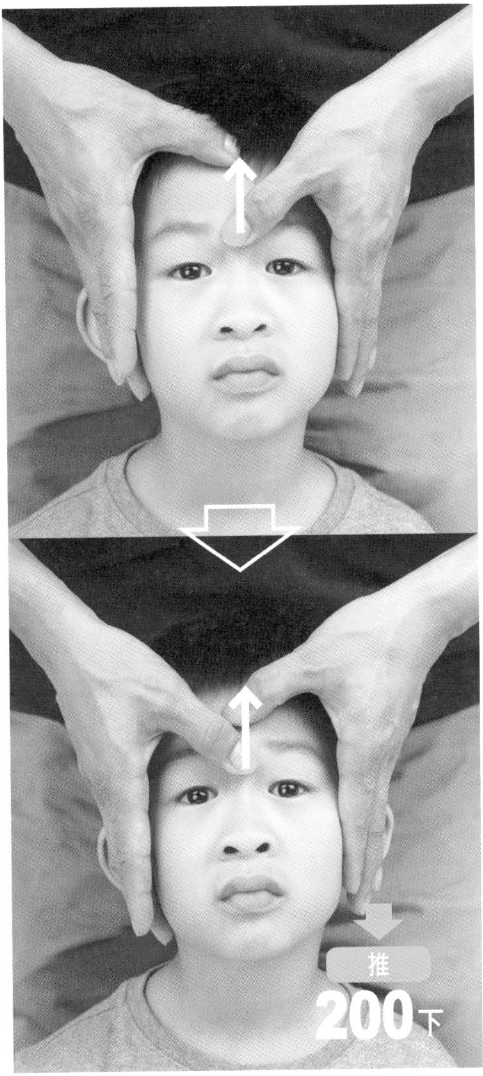

特別收錄⑤

大便觀察對照卡

爸媽們平時若能多注意小孩大便的次數、形狀及顏色，
告知醫師，或許可盡早發現身體異狀，讓小孩免於受苦。

正常

像香腸狀
表面光滑

腸瀉

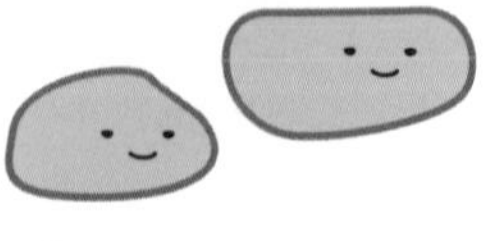

像被切斷的糯米腸。

糊狀大便

看不到食物殘渣，排出容易或不易，或肛門有炙熱感。

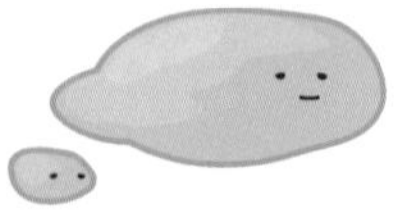

糊狀大便

看得到食物殘渣，排出容易。

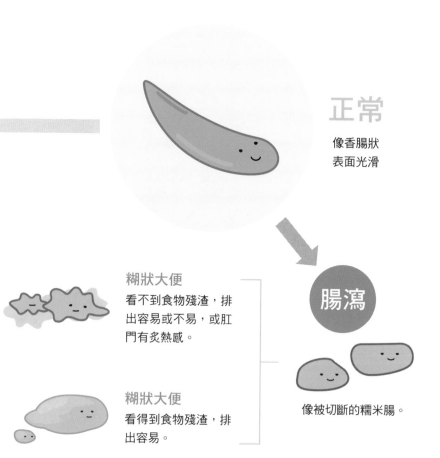

便祕

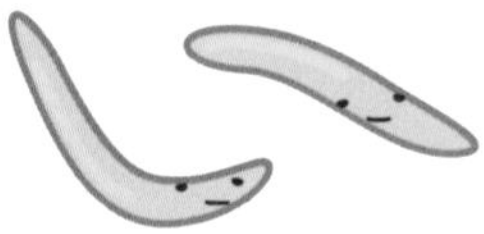

細長的香腸狀、表面光滑很難排出，但不會刮傷肛門，要用很多衛生紙。

香腸狀，但表面有裂痕。

一顆顆組合成的香腸狀，很難排出或會刮傷肛門。

一顆顆的硬球，很難排出或是會刮傷肛門。

國家圖書館出版品預行編目資料

中醫爸爸40個育兒神招：不打針、少吃藥，輕鬆搞定高燒不退、久咳不好等小兒惱人病 / 賴韋圳 作. -- 初版. -- 臺北市：三采文化，2019.3 -- 面；公分. --（三采健康館：133）

ISBN 978-957-658-128-1（平裝）
1. 育兒 2. 小兒科 3. 中醫
428　　108001252

■有鑑於個人健康情形因年齡、性別、病史和特殊情況而異，建議您，若有任何不適，仍應諮詢專業醫師之診斷與治療建議為宜。

suncolor 三采文化集團

三采健康館 133

中醫爸爸40個育兒神招

不打針、少吃藥，輕鬆搞定高燒不退、久咳不好等小兒惱人病

作者｜賴韋圳

副總編輯｜鄭微宣　責任編輯｜藍尹君　企劃開發｜杜雅婷　文字整理｜吳佩琪
美術主編｜藍秀婷　封面設計｜李蕙雲　內頁排版｜陳育彤　插畫｜王小玲
行銷經理｜張育珊　行銷企劃｜呂佳玲

發行人｜張輝明　總編輯｜曾雅青　發行所｜三采文化股份有限公司
地址｜台北市內湖區瑞光路513巷33號8樓
傳訊｜TEL:8797-1234　FAX:8797-1688　網址｜www.suncolor.com.tw
郵政劃撥｜帳號：14319060　戶名：三采文化股份有限公司
初版發行｜2019年3月1日　定價｜NT$360
2刷｜2019年3月20日